LA COULEUR DES GÈNES

ou la perversion de la génétique

BIOMESC

Consulting Incorporated

MAJAMBU MBIKAY

Pharm, PhD

LA COULEUR DES GÈNES

ou la perversion de la génétique

BIOMESC

DU MÊME AUTEUR

- *Je saurais croire. Réflexions sur la science, la foi et la société.* Essai, 74 pages. Éditions Muhoka, 2005

- *La voie de l'exil. Murmures et confidences d'un Africain Canadien.* Roman épistolaire, 290 pages. Lulu Press, 2009

- *Proprotein Convertases* (coédité avec Nabil G. Seidah). Livre collectif sur les enzymes de conversion, 367 pages. Humana Press, 2011

- *Demain, le Congo. La République démocratique du Congo est-elle un artefact ?* Essai de sociobiologie, 113 pages. Lulu Press, 2012

- *As I Know, So Shall I Believe: An African Scientist's Musing on Beliefs, Science and Society.* Essais. 79 pages. Lulu Press, 2012

- *Repères.* Essai, 109 pages. Initiatives Akulà ! 2013

- *À tout propos, et des mots pour le dire.* Essais, 235 pages. Initiatives Akulà ! 2014

- *Entre le rêve et le souvenir.* Autobiographie romancée, 317 pages. Initiatives Akulà ! 2014

- *Concours & Circonstances, Tome 1, Naître et grandir au Congo.* 247 pages. Initiatives Akulà ! 2015

- *Signposts of Hopes and Illusions.* Assay, 104 pages, Initiatives Akulà ! 2016.

- *Concours & Circonstances, Tome 2, Mon long exil nord-américain : contributions et héritages.* 534 pages. Initiatives Akulà ! 2017.

À mon fils Kamenga
Qu'il sache qu'il y a plus sublime en lui
que la simple somme de ses gènes.

MAJAMBU MBIKAY, Pharm (Lovanium, 1971), PhD (SUNYAB, 1979), retraité, a été professeur de biologie moléculaire à l'Université d'Ottawa et chercheur biomédical à l'Institut de recherches de l'Hôpital d'Ottawa ainsi qu'à l'Institut de recherche cliniques de Montréal. Le thème central de sa longue carrière scientifique a été la manière dont la Nature augmente ses capacités en créant une variété de molécules par fragmentation des protéines, au stade dernier dans le flux de l'information génétique. Sa recherche a aussi porté sur la génétique de la susceptibilité et de la résistance aux maladies chroniques et infectieuses.

Professeur Mbikay est né et a été élevé en République Démocratique du Congo.

Sommaire

Avant-propos

Plusieurs incidents de mon parcours professionnel m'ont amené à écrire cet ouvrage. La réalité nord-américaine a fait que, dans mon domaine d'intérêt, la biologie des gènes ou la génétique, les chercheurs de souche africaine ont été jusqu'à très récemment une exception. Dans presque toutes les grandes conférences internationales auxquelles j'ai participé durant ma carrière scientifique, j'étais une curiosité. La présence d'autres minorités visibles, de Chinois ou d'Hindous, passait pour une normalité. Pas la mienne : elle était une anomalie. De nombreux collègues, parmi lesquels des sommités de la science, me l'ont rappelé sans malice à plusieurs occasions. Je décrirai deux incidents à titre d'exemples.

En novembre 1992, à Denver, au Colorado, j'ai participé à un méga-congrès de près de 6 mille scientifiques venus du monde entier. Luc Paquet, l'un de mes étudiants au doctorat, m'y a accompagné. Il a noté que tous les Africains-Américains que nous rencontrions dans les couloirs de la salle d'expositions et qui y travaillaient, surtout comme serveurs et balayeurs, me saluaient d'un '*Hi, Brother*' furtif et murmuré. Il a voulu savoir pourquoi. « Ils se sentent soulagés et réconfortés de voir l'un des leurs dans ce rassemblement de scientifiques », lui ai-je répondu, souriant. À mon retour à Montréal, j'ai raconté l'anecdote au feu Bijimine Mputu Grégoire, le premier avocat d'origine congolaise au Québec et un ami proche. Avec la verve verbale qui lui était propre, Mputu m'a expliqué que cette salutation dérivait de ce qu'il appelait *l'effet de persuasion* : « Si tu as pu, toi, aboutir en ce lieu, c'est que nous ou nos descendants le pouvons aussi. » Voilà, selon Mputu, ce que mes congénères me signifiaient par ce '*Hi, Brother*'. J'étais une brèche dans le mur du doute, de l'inquiétude et de la peur, la peur d'être figés par la biologie dans un statut de citoyens de seconde classe, si pas de sous-hommes.

Trois années plus tard, en mars 1995, à Tahoe, en Californie, lors d'un Symposium Keystone qui regroupait un nombre restreint (environ 200) de biologistes moléculaires, j'ai eu l'honneur d'échanger pour quelques minutes avec nul autre que le docteur Walter Gilbert de l'Université Harvard, lauréat du Prix Nobel de Chimie de 1980, qu'il avait reçu pour avoir développé une méthode chimique de détermination de la séquence des maillons des chaînes de l'ADN. Au cours de la première session de la matinée du premier jour, nous étions assis l'un à côté de l'autre. J'avais remarqué qu'il m'observait à coups d'œil intermittents, mais perçants. Lors de la pause-café de 10 heures, se faufilant entre les participants, il m'a approché résolument ; il a lu à haute voix (et bien !) mon nom sur mon badge d'identité, m'a dévisagé et, sans détours, m'a demandé d'où je venais. Quand je lui ai montré le badge qui identifiait l'Institut de recherches cliniques de Montréal (IRCM), comme mon institution d'origine, il a insisté que je lui dise ma nationalité de naissance. Je l'ai informé que j'étais né, avais été élevé et éduqué au Congo-Zaïre. « Je me doutais bien que tu n'étais pas un Africain-Américain », m'a-t-il dit. La conversation a passé à la science, mais avant de me quitter, il m'a fait part de sa profonde joie de voir enfin l'un de nous (*'one of you people'*) dans ce genre de forum. Gilbert peut avoir oublié la remarque ; pas moi, de toute évidence.

Les deux événements contés ci-dessus illustrent les interrogations des non-Africains sur les Africains. Les deux qui suivent se rapportent à ce que j'ose appeler la peur du discours génétique chez l'Africain. Ils sont survenus, à plus de 20 ans d'intervalles, dans des contextes moins formels de mes interactions avec un ami dans un cas, et l'un de mes enfants dans l'autre. En septembre 1983, ayant complété mon stage postdoctoral à l'Université de Sherbrooke, j'acceptais un poste de chercheur senior à l'IRCM avec une affiliation de professeur-chercheur adjoint à l'Université de Montréal. Quelque temps après, je faisais la connaissance d'un collègue que, pour n'avoir pas sollicité son accord dans la narration de ce récit de sa vie, j'identifie ici par les initiales KV. Frisant la quarantaine, Canadien d'origine nigériane, KV avait vécu les deux tiers de sa vie en dehors du Nigéria, en Angleterre pendant vingt ans et le reste au Canada. Économique de taille et de corpulence, il dégageait néanmoins une aura aristocratique que renforçait l'accent d'Oxford qui modulait son verbe. KV était biologiste de formation, mais son PhD, reçu de la prestigieuse Université McGill, ne lui avait que momentanément ouvert les portes d'une carrière scientifique digne du titre. En attendant mieux, il s'était retranché dans les œuvres sociales en faveur de la jeunesse afro-antillaise anglophone de Montréal pour une pitance de salaire quand il en recevait une. Fort heureusement, il avait pour femme une fille du pays du Québec, dont la carrière professionnelle permettait de soutenir l'homme et les deux enfants, un garçon et une fille, qu'ils s'étaient donnés. Avec quelques Antillais et Africains, KV avait mis en place une association canadienne des scientifiques du Tiers-Monde (*Canadian Association of Third World Scientists*, en sigle CATWS). C'est comme membres de cette association que nous nous sommes connus et sommes devenus des amis. Très rapidement, il m'a recruté dans ses initiatives sociales et m'a confié la branche francophone qui, jusque-là, était moins active que son pendant anglophone. Les œuvres comprenaient, entre autres, le tutorat, le conseil de choix de carrière, l'éducation en santé. J'ai choisi aussi de servir comme conseiller scientifique de la Société canadienne de l'anémie falciforme, couramment connue sous le nom de l'anémie SS. Cette maladie génétique frappe principalement les personnes de souche africaine, donc une minorité de la société canadienne. Mal connue du système de santé, l'anémie SS faisait l'objet d'explications populaires les plus rocambolesques. Mon rôle était d'éduquer les parents sur les fondements génétiques de cette maladie et sur les efforts dans la recherche d'une thérapie éventuelle. Dans ce contexte, il m'est arrivé à quelques occasions de donner des entrevues à la radio et à la télévision communautaires sur le sujet. Très rapidement, KV et moi avons découvert combien il était difficile d'amener les parents d'enfants atteints d'anémie SS à parler de leur expérience dans les forums de discussion que nous organisions. Ils acceptaient volontiers de le faire en privé, mais pas en public. Visiblement, *la maladie était vécue comme une honte, une tare et une malédiction qui frappent l'Africain et sa descendance*, une prémisse et un préjugé intériorisés avec fatalisme, qu'il fallait du temps et des efforts pour déraciner.

En 1990, KV a perdu son père au Nigéria. Il y est parti rendre hommage à sa mémoire et examiner la gestion de l'héritage qu'il avait laissé. Car le père, en plus d'être un grand pasteur de l'Église adventiste, était aussi un grand propriétaire terrien. De retour à Montréal, KV

a partagé avec moi les joies, les surprises et les décep-
tions de son séjour au pays natal. Il m'a narré comment
l'État et le peuple avaient, d'accord tacite, consenti à ne
point *se déranger l'un l'autre* au sein du marécage national
dans lequel ils pataugeaient ensemble ; comment, au
cours d'une conversation avec des intellectuels nigérians
sur le marasme généralisé dans lequel l'Afrique subsaharienne semblait engouffrée, il lui avait été posé, en tant
que biologiste, la question de savoir si *la mélanine était une
neurotoxine* ! Sur cette question, KV a arrêté son propos ;
l'indignation lui coupait la parole. Pour banaliser la
question, je lui ai fait remarquer, sur un ton amusé, que
la tyrosine, l'un des maillons des chaînes de protéines,
était aussi la matière première pour la fabrication à la
fois de la mélanine et d'un messager chimique du cerveau, un neurotransmetteur appelé dopamine ; que, peut-
être, une surproduction de la mélanine s'accompagnait
d'une déficience cérébrale en dopamine. Je blaguais, bien
sûr ; mais le regard encore plus sombre avec lequel KV
m'a dévisagé m'a vite fait comprendre qu'il n'y avait pas
là matière à rire ; que je jouais sans y penser le jeu de
ceux qui travestissent la science pour consolider les préjugés et justifier les injustices sociétales qui en dérivent.

Ceci m'amène à parler du second incident déterminant dans ma décision d'écrire cet ouvrage. L'incident
tournait autour de la controverse soulevée par le Dr
Pierre Mailloux lors de son passage à l'émission de télé-

vision de Radio-Canada, titrée *Tout le monde en parle*, le 25 septembre 2005. Ce psychiatre, à la barbe abondante de pontife copte, s'était fait un nom à la radio et à la télévision comme vulgarisateur-animateur en matière de santé mentale. Sa réputation tenait à sa langue bien pendue hors de sa poche. Son franc-parler, délibérément outrageux, lui avait attiré des éloges et des critiques dans le passé, mais rien ne se comparait au tollé qu'allaient soulever ses commentaires de ce 25 septembre 2005, quand il affirmait que des études scientifiques avaient démontré que *les Africains et les Amérindiens avaient un quotient intellectuel (le QI) inférieur à celui des Caucasiens.* Le tollé provenait surtout des organismes de défense d'intérêts ethniques comme la Ligue des 'Noirs' et la Société Saint-Jean-Baptiste. Ces organismes s'en prenaient non seulement au médecin, mais aussi à Radio Canada pour lui avoir donné un forum si public pour ses propos incendiaires. Ils accusaient la station de radio de vouloir impudemment élever sa côte d'écoute sous prétexte de respecter la liberté de parole.

Pour ma part, les propos de Mailloux me laissaient superbement indifférent. Je ne trouvais là rien de nouveau. 'Heard it, seen it', sous moult formes et en moult circonstances. Mailloux n'était pas le premier à le penser tout haut ; il ne serait pas le dernier non plus. Je trouvais même malséant cette bienséance qui voulait que fussent refoulées dans le silence les opinions et les convictions

17

controversées qui confortaient secrètement nos divers complexes psychologiques. Chassez le naturel, il revient au galop, dit-on. La transparence dans ce domaine était plus saine qu'un motus et bouche cousue hypocrite.

« Laissez Mailloux s'époumoner en futiles verbiages pour son petit bonheur ; laissez-le nourrir ses mesquines illusions de grandeur. Et puis, qu'importe ? Le soleil se lèvera demain comme hier. Demain comme hier, des hommes s'aimeront, d'autres s'entre-tueront. QI haut, QI bas, avec machette ou kalachnikov, dans la hutte ou le gratte-ciel, en pirogue ou en yacht, nous ne sommes tous que des animaux en proie à nos instincts, essayant tant bien que mal de nous élever au-dessus de ceux-ci, dans notre quête inlassable de l'humanité en nous. » Telle était mon attitude en la matière. Cynique, hein !

Cette indifférence a été brisée par une interpellation émotionnelle de mon fils Kamenga, que l'émission semblait avoir profondément bouleversé. Il est venu me voir insistant que, comme scientifique africain, je demandasse un droit de réponse à la même émission pour contredire les propos de Mailloux et détruire ses arguments. L'insistance de Kamenga était hors du caractère de ce fils de peu de mots, taciturne et réservé (sauf sur scène quand il se déploie dans sa poésie rap). J'ai essayé d'interpréter son émotion. De mes cinq enfants que j'ai élevés au Québec, Kamenga est le plus imprégné de la

culture québécoise. Il vit pleinement dans le milieu qué-
bécois ; il en connaît les us et coutumes, le parler et le
jargon. Il a même fondé famille avec Nancy Brière, une
Québécoise de souche. J'ai pensé que les affirmations de
Pierre Mailloux, une prétendue autorité médicale, sur
l'infériorité intellectuelle des Africains, l'avaient meurtri,
lui particulièrement, parce qu'elles le dénigraient aux
yeux de sa conjointe et de ses amis caucasiens. Il lui fallait une contre-autorité pour rétablir *la vérité* et sauvegarder *sa dignité*. Qui d'autre pour bien le faire que son
propre père ?

Je n'ai pas demandé le droit de réplique à Radio-
Canada, mais j'ai invité Kamenga à une introspection de
son expérience de vie. Je lui ai assuré qu'il n'y trouverait
aucune évidence d'une quelconque infériorité devant qui
que ce fût, l'âme humaine ne pouvant concéder à la logique d'une telle comparaison. Je lui ai expliqué que,
comme tout homme, il portait des traits caractériels et
distinctifs, mais qui ne le rendaient ni plus ni moins per-
tinent comme être humain ; qu'il a vécu, comme tous les
humains, des succès et des échecs, mais que, sûrement, il
en connaissait bien d'autres, toutes souches confondues,
qui étaient, à divers égards, moins lotis et moins nantis
par la vie que lui.

Kamenga m'écoutait d'un air agacé et résigné. Visiblement, il n'avait que faire de mes exhortations philosophiques. Il aurait préféré que je me lançasse à corps

perdu dans le débat public. Cette option, malheureusement pour lui, aurait été atypique de ma part. À cause des émotions qui les accompagnent généralement, les débats publics ont toujours été pour moi de grossières bagarres de slogans, qui confortent les préjugés plus qu'ils ne changent les opinions. J'argumente mieux à tête reposée, de préférence sur papier. J'ai lu les écrits des compères idéologiques de Mailloux. C'est donc par écrit que j'entends aujourd'hui répondre aux questions dont m'avait assailli mon fils ce jour-là.

J'ai choisi le titre et tracé les premières lignes de cet ouvrage dans la salle d'attente de l'Hôpital Maisonneuve de Montréal, alors qu'Andy Kadima et Keisha Mbiya, le fils et la fille de Kamenga et Nancy subissaient une amygdalectomie préventive. J'ai montré à Kamenga trois titres possibles pour l'ouvrage : *Gènes de Nègre*, *La génétique raciste*, ou *La couleur des gènes*. Le dernier titre était son favori ; le mien aussi : il était assez intriguant et attrayant sans être provocateur ni outrancier. Il en appelait au bon sens par son illogisme et attirerait, sans préjugé enchâssé, la curiosité des uns et des autres dans les discours antagonistes autour du sujet ; peut-être, les amènerait-il tous à en parcourir les pages et à s'en instruire. J'ai consenti à ce titre pour cette raison pratique, mais aussi par réflexe, moi qui me suis résolu à ne jamais plus faire de concessions à une sémantique insensée, fondée sur des noms et des adjectifs chargés de messages subliminaux.

Le rôle de pourfendeur des mythes scientifiques que j'assume dans cet ouvrage m'a été imposé par les circonstances de ma carrière. Je ne l'ai pas activement recherché ; à vouloir l'assumer, je me suis créé des anxiétés dont je me serais passé bien volontiers. J'aurais tant aimé être entièrement ignoré comme Africain et être reconnu beaucoup plus comme un scientifique, qui adore son métier et essaye d'en jouir autant qu'il peut. J'aurais tant voulu écrire un livre général sur les divagations des gènes et leur triage par la Sélection naturelle. Mais, les années passant, assiégé par les regards et les questions de mes congénères, j'ai commencé lentement à accumuler la bibliographie ciblée sur les fondements historiques, sociologiques et scientifiques des *mythologies génétiques*, tout en réfléchissant sur les façons de les débusquer et de les démasquer qui soient à la portée du plus grand nombre. En effet, ce livre ne prétend point à l'érudition ; il est un essai et non un traité : il s'efforce de rassembler les données existantes et de les incorporer dans une vision cohérente et compréhensible pour le lecteur peu familier avec le jargon du *Cénacle*. Cette démarche requiert de multiples arrêts, pour éviter les embûches de la simplification et satisfaire les besoins de clarification, en faisant usage au mieux de cet outil, plus qu'imparfait, que nous appelons la langue. Conscient du fait que, dans les esprits qui les accueillent, les mots les plus précis prennent trop souvent le sens que leur impriment les préjugés et les émotions, mon plus vif souhait reste que ce que j'écris dans cet ouvrage se comprenne comme je l'entends.

Dans cet opuscule, je me suis donné le défi de mon ambition. Seul le lecteur dira à quel degré je l'ai relevé. S'il en est, ce sera aussi en partie grâce à la lecture méticuleuse des bienveillants réviseurs. Je tiens à remercier le professeur Nkongolo Kabwe Constant de l'Université Laurentienne à Sudbury, un collègue généticien, pour sa 'peer review' (révision par un pair) de l'ébauche de ce manuscrit. Son regard de spécialiste m'a permis de clarifier comme il fallait certains concepts biologiques qui prêtaient à confusion. Au cours de la rédaction de cet ouvrage, j'ai sollicité les opinions médicales de trois cousins professionnels, chers complices depuis nos années universitaires à Kinshasa : les médecins Likongo Yona, Tshibemba wa Mulamba François et Ngoy Kasongo Fabien. À eux trois, ils possèdent presque un siècle d'expérience médicale en Afrique, où ils ont vu et entendu les peurs de l'hérédité sur divers visages et sous divers langages. Ici, j'ai repris à mon compte leurs réflexions sur les promesses et les risques des gènes pour la santé. Encore et toujours, je saurai grand gré aux généreux réviseurs de tous mes écrits, mes amis de longue date, tous des éducateurs professionnels, Mulenga wa Biakabutuka Rémi, Kapanga Kapele Charles et Ndia-

Bintu Kayembe. Ils ont enrichi de leurs commentaires ma discussion sur les quotients intellectuels, et ont collectivement contribué à la qualité littéraire de cet ouvrage. En particulier, je remercie Biakabutuka pour son interprétation judicieuse des proverbes baluba qui parsèment le texte ; Kayembe pour sa surveillance policière de l'orthographe, la grammaire et la ponctuation; Kapanga pour le dépistage des anglicismes qui, du fait de ma vie professionnelle en anglais, tendent à infiltrer mon écriture française. Leur diligence dans ce projet conforte bien notre vieille amitié, mais ne me libère pas du devoir de gratitude envers eux : merci, les amis !

Enfin, mes remerciements les plus tendres sont destinés à celle qui a daigné mener avec moi la plus belle expérience de génétique humaine qui soit, celle qui a choisi de combiner ses chromosomes aux miens et qui, pendant plus de 47 ans, a consenti à admirer à mes côtés l'éclosion et le déploiement des cinq fruits de cette sublime apposition, chacun aussi unique qu'original : notre progéniture. Mujangi wa Lunganga, *Mukwa Kanda wa ku masanga, wetuau Mamu* !

Kosesha nkutshi muadi ;
Muadi wa nkutshi kaulu kukulambakena.
(Console la caille qui pleure
De peur que ses pleurs ne viennent te hanter).

NOTE : *Je conclurai chacune des sections de cet ouvrage sur l'hérédité et la génétique par un proverbe dans la langue de ma mère, le tshiluba. Je voudrais, par ces additions, marquer le fait qu'au-delà des gènes qu'elle m'a légués, la culture de la sagesse dont elle m'a instruit fait partie intégrante de mon héritage d'Homo sapiens.*

Les proverbes cités ont été tirés de l'opus du Père Henri Reynaert (1914-1982), opus d'une vie, intitulé Collection de 4700 proverbes en tshiluba du Kasayi, Missionnaires de Scheut, Kananga, 1995.

Introduction

Cet ouvrage est la réponse à de multiples interpellations auxquelles, du fait de ma profession de biologiste moléculaire et de manipulateur de gènes, je fais face de la part de ma communauté d'Afrique subsaharienne, communément appelée l'Afrique 'noire'. Ces interpellations traduisent une inquiétude persistante face au terme génétique, comme si le mot véhicule une fatalité intimidante, une sorte de terrible secret qu'il serait vital de ne pas révéler de peur qu'il n'explique et ne justifie la précarité historique et actuelle des peuples du continent. Le souci s'insère dans la mythologie contemporaine de la science comme référence et autorité ultime en ce qui concerne la vérité objective. Cette mythologie infiltre le discours et le théâtre. Le mot ADN est devenu la clé de la voûte ultrasecrète où se garde le secret de l'être, de ses origines, de son avenir, de son état et de son devenir. Les scientifiques, qui ont le droit de pénétrer dans ce sanctuaire, en ressortent avec des révélations qui définissent le destin de chaque être humain, depuis sa naissance, dans son développement, sa santé, ses risques de maladies, sa longévité. Les gènes sont devenus les oracles des temps modernes : on les consulte, on les écoute, on les croit aveuglément, on s'enthousiasme ou l'on se résigne à leurs dictats, on les invoque erronément pour expliquer et justifier tout et rien.

Cet ouvrage est un effort de déconstruction du mythe, une tentative de replacer la génétique dans un contexte plus large d'interprétations du destin biologique. La génétique est quelque chose, mais elle n'est pas tout. Elle explique certaines choses, mais ses explications restent partielles et souvent provisoires. Mais le point le plus important de ma dissertation est que, par sa nature et dans ses mécanismes, la génétique s'interdit la fixité et la rigidité, au point qu'il est totalement farfelu et foncièrement malvenu de tenter d'en dériver des postulats sociologiques pour échelonner les individus ou les groupes d'individus selon leurs différences.

Dans cet ouvrage, nous[1] nous abstiendrons mordicus d'utiliser les catégorisations des individus basées sur les couleurs, d'abord parce qu'elles sont imprécises et insensées ; ensuite parce qu'elles traduisent une paresse

---

[1] Le 'nous', au lieu du 'je', qui sera utilisé désormais dans mon argumentation n'est pas une prétention à la majesté, mais plutôt un partage du mérite des arguments y contenus avec tous les auteurs que j'ai consultés et avec lesquels je m'accorde. Je maintiendrai le 'je' quand il m'arrivera de parler d'expériences très personnelles.

sémantique, une soumission à des conventions linguistiques surannées, grossièrement travesties par l'Histoire. Dans ce livre sur la génétique, nous trouvons plus judicieux de désigner les groupes humains par des référents géographiques de leurs origines ancestrales, comme établie par les migrations préhistoriques et historiques qui, nous le verrons, ont laissé leurs marques sur les gènes. Ainsi ceux communément dénommés Négroïdes ou 'Noirs'[2], seront pour nous des Africains ou Afro-descendants ; lesdits Caucasoïdes ou 'Blancs', des Caucasiens, Européens ou Euro-descendants ; lesdits Mongoloïdes, des Orientaux, Asiatiques ou Asiatico-descendants. Les mots véhiculent les mentalités ; ils peuvent aussi les changer.

Nous avons réparti notre dissertation en quatre chapitres. Dans le premier chapitre, nous analyserons les concepts populaires de l'hérédité — mère de la génétique — dans les cultures africaines. Pour ce faire, nous nous appuierons en primauté sur notre propre culture baluba dans laquelle nous avons grandi et que nous connaissons le mieux. Nous tenterons, autant que faire se peut, d'enrichir cette analyse de perspectives tirées des traditions d'ailleurs, de l'Afrique de préférence, telles que décrites dans des documents scientifiques auxquels nous

---

[2] Quand, forcé par la narration nous utiliserons ces catégories, nous les flanquerons de guillemets pour exprimer notre réserve.

avons pu avoir accès. Le biais africain de cette recherche est voulu, parce que, dans sa conception et sa destination, cet ouvrage est une tentative de réponse à des questions qui tourmentent l'esprit de l'Africain.

Dans le second chapitre, nous décrirons la génétique, comme science, telle qu'elle est comprise à l'ère de l'ADN. Convaincu que tout scientifique qui connaît son sujet doit être capable d'en traduire le contenu à un enfant de huit ans, nous présenterons les tenants et les aboutissants de la génétique moderne en termes accessibles à la majorité moyennement éduquée, tout en évitant de verser dans la sur-simplification et la caricature. Puisque la génétique a une histoire, nous trouvons approprié pour la culture scientifique du lecteur, de relever les divergences conceptuelles et les controverses qu'elle a connues dans sa poursuite incessante de plausibilité. Science, la génétique est aussi un *'produit et un producteur de culture'*. Elle a ses règles, de rigueur, de reproductibilité et de cohérence, il est vrai, mais celles-ci ne la libère pas entièrement des influences du milieu ambiant. Parfois, ce milieu lui fait dire ce qu'elle ne dit pas et ne sait pas. Jeune encore, elle s'en défend gauchement et a bien du mal à se faire entendre. Cet ouvrage prête une voix à son vrai message.

Dans le troisième chapitre, nous survolerons succinctement la longue histoire de la vie dans laquelle s'insère la courte histoire de notre vie d'*Homo sapiens*.

Cette histoire n'est rien d'autre que l'histoire des gènes ; des gènes qui 'vivent' et 'veulent vivre' envers et contre tout ; des gènes qui unissent tous les vivants dans l'Arbre de la Vie ; des gènes qui se tissent, grandissent, se partagent et s'enrichissent, qui s'éveillent, s'assoupissent ou s'éteignent au besoin des milieux intérieur et extérieur ; des gènes surtout qui portent des marques innombrables des cheminements et errances de la vie, en témoignent et nous les racontent : des gènes qui nous disent qui nous sommes, ce que nous pouvons être, d'où nous venons et, peut-être aussi, où nous allons ; des gènes que nous tenterons de lire et d'interpréter.

Dans le quatrième chapitre, nous nous attellerons à dévoiler les mythes nés des avancées de la génétique, plus particulièrement, de la Théorie de l'Évolution, de la variété des groupes humains, et de l'intelligence héréditaire. Ces mythes ont trop souvent été utilisés, avec ou sans malice, pour expliquer les inégalités entre individus ou sociétés, et pour figer celles-ci en fatalités biologiques. Nous dénoncerons sans compromis la tendance à la 'scientification' des opinions chez certains académiciens, dont quelques nobélisés. La tendance consiste à user de son auréole de scientifique renommé pour crédibiliser des préjugés ou spéculer trop librement sur des sujets dont les faits n'ont pas été soumis au crible de la vérification scientifique. Car la science, par définition, est un exercice, non d'opinions, mais de faits. Nous établirons les faits comme la génétique les a dévoilés ; nous dénoncerons les faussetés qu'on lui attribue.

Dans la conclusion, nous examinerons les raisons de cette soif de révélations scientifiques qui étreint l'opinion publique dans un monde devenu sceptique à l'endroit des vérités religieuses traditionnelles. Cet élan de sacralisation travestit la mission de la science. Comme déjà mentionné ci-haut, la science n'a que faire des vérités ; elle a tout à faire des réponses rationnelles et vérifiables (parfois utiles, mais souvent provisoires) aux questions et défis soulevés par la perception et l'expérience de la réalité. Dans cette même conclusion, nous nous interrogerons aussi sur le besoin sournois (commandé par les instincts peut-être) que semble ressentir l'Homme de situer les espèces, les groupes, et même les individus, dans une sorte d'échelle évolutive, en usant de la génétique comme cadre interprétatif. Ce besoin, plus ou moins narcissique, est souvent exprimé par les membres des groupes qui se croient favorisés par la prétendue évolution, sur base du standing social, économique ou militaire, ou encore de la capacité à maîtriser la matière, le temps et l'espace. La réalité de notre temps est qu'à travers le monde, la condition des peuples de souche africaine se prête facilement au dénigrement par une certaine opinion, souvent tacite, parfois vocale. Nous essayerons d'expliquer cette condition, pas de la justifier ou de l'excuser. Rien ne peut mieux réhabiliter les Africains qu'un relèvement du continent par une adaptation adéquate — incluant l'adaptation culturelle — à l'écologie des temps modernes et par l'exploitation intelligente des multiples outils de survie qu'offre cette écologie.

Enfin nous nous exprimerons succinctement sur les dégâts, parfois mortels, causés par le travestissement de la génétique. Au cours de l'Histoire de l'Homme, les particularités issues des lotissements génétiques ont été perçues comme une décision divine, une bénédiction ou une malédiction. Elles ont servi de prétextes à l'arrogance, à la malveillance, à la peur, voire au défaitisme. En effet, s'il est une chose que la génétique nous enseigne, c'est que, malgré toutes nos différences, nous sommes tous, chacun à sa manière, des 'success stories', des témoignages retentissants de l'expression utile et gagnante des gènes dans des environnements qui ont leurs particularités, leurs opportunités et leurs contraintes.

Tshikuyi tutshikulule musenga
Muntu wa tshilema, tumubelele pa bantu.
(Comme nous râpons l'écorce dure en poudre
Nous corrigerons publiquement quiconque est dans l'erreur.)

CHAPITRE I

Les concepts de l'hérédité dans les traditions africaines

I.1. L'hérédité observée

L'hérédité, c'est la transmission des traits d'un groupe de vivants d'une génération à la suivante. En d'autres termes, l'hérédité est la reproduction du groupe, au sens littéral du terme ; c'est la passation de traits de ce groupe, d'une ascendance à une descendance. Les traits, autant que la capacité de les passer avec succès de génération à génération, définissent le groupe. Dans ce processus, les membres du groupe usent de mécanismes propres et adaptés inscrits dans leur nature et déployés naturellement. Ceci, tous les peuples du monde le savent depuis toujours. En effet, la transmission des traits physiques est une évidence qui s'impose à l'observation des grands ensembles qui constituent les règnes végétal et animal. Un distinguo s'impose toutefois : dans la pensée traditionnelle africaine, contrairement à la pensée moderne, l'Homme n'appartient pas au règne animal ;

néanmoins, dans l'esprit totémique de la tradition, il peut partager des traits tempéramentaux avec les animaux. En tshiluba, le règne animal se dénomme '*bukua nyama*' ; le règne humain, '*bukua bantu*'.

L'évidence de la transmission des traits a pour corollaire la reconnaissance que, même dans le cadre de ces grands ensembles, les groupes reproductifs sont ceux-là qui partagent le plus grand nombre de traits communs. Si les plantes génèrent des plantes, les animaux des animaux, les groupes qui constituent ces règnes ne peuvent combiner et transmettre conjointement leurs traits à leur descendance à moins d'appartenir au même groupe reproductif. *Cette capacité de fertilité interne entre membres d'un groupe définit l'espèce.* Tout poissons qu'elles soient, la dorade et la sardine ne peuvent partager leurs traits ; comme ne le peuvent le canard et la poule, tout oiseaux qu'ils soient ; ni le serpent et le lézard, tout reptiles qu'ils soient ; ni le léopard et la lionne, tout félins qu'ils soient.[3] La raison est qu'ils appartiennent à des groupes reproductifs différents, à des espèces différentes. Ceci aussi, tous les peuples du monde le savent de façon empirique, par la simple observation de la nature.

---

[3] Exceptions faites des expériences de reproduction transspécifique forcée par l'Homme ; leurs fruits tels le mulet (étalon × ânesse), le tigron (tigre × lionne), le ligre (lion × tigresse), sont généralement peu fertiles ou stériles. Ce type de croisement serait survenu naturellement dans le passé entre l'*Homo sapiens* et l'*Homo neandertaliensis*.

Par ailleurs, au sein de chaque espèce, il existe divers types reconnaissables à vue d'œil par des traits communs et distinctifs, mais sujets au partage au sein de l'espèce, si les circonstances s'y prêtent. L'isolement géographique ou sociologique des types d'une même espèce peut mener à la fixation de certains traits typiques. Leur rapprochement permet le partage et le mélange de ces traits. Un tel échange peut être naturel ou intentionnel, selon qu'il survient de soi au hasard des rencontres fortuites entre les membres de l'espèce ou il est initié par l'Homme. Les échanges naturels abondent dans le règne végétal. Ils sont favorisés par les vents, les eaux et les mouvements tectoniques, qui dispersent les pollens vers des stigmates réceptifs. Le mixage de traits sous l'action de l'Homme se manifeste dans le couplage de différents types d'animaux domestiques aux seins de divers espèces — chiens, chats, vaches, poules ou canards — afin d'accentuer ou d'enrichir certains traits dans la descendance. Ces pratiques sont connues des éleveurs d'Afrique et d'ailleurs depuis les origines de la domestication animale. En tshiluba, un type particulier au sein d'une espèce se nomme '*diminu*'. La pratique de couplage de traits entre différents types se dit '*ku-shinta*', avec la connotation de modifier ('*ku-shintulula*') pour le mieux. Les prêts et les emprunts de coqs, de canards, de boucs, de taureaux et de béliers à cette fin sont monnaie courante entre éleveurs africains.

En ce qui concerne l'être humain, il existe une variété de types que la dispersion et la géographie ont consolidés au cours des millénaires, depuis l'apparition de l'Homme en Afrique. Les taxonomistes ont senti le besoin de figer ces types ou des ensembles de types sous le vocable de *'race'*. Mais, comme nous le verrons plus tard, le vocable, qui se voulait scientifique, a été perverti au cours des siècles par des connotations sociologiques et idéologiques. Il concourt à regrouper les individus et les groupes de la vaste Humanité autour de 4 ou 5 agrégats de traits afin de les comparer ou de les évaluer, de les glorifier ou de les avilir. Aujourd'hui, le mot 'race' est si chargé d'une longue histoire d'injustices qu'il ne peut se prononcer sans préjugé, conscient ou inconscient.

Les types humains sont reconnaissables. Leur catégorisation se fonde sur certains traits ou combinaisons de traits physiques immédiatement apparents, comme la couleur de la peau, l'étirement du nez, l'épaisseur des lèvres, ou la texture des poils. Il demeure que les types humains sont difficiles à circonscrire du fait qu'il existe entre eux divers gradients et mosaïques de traits. En Afrique subsaharienne, parmi les peuples à épiderme relativement mélanisé (lesdits 'Noirs'), les mêmes taxonomistes ont reconnu des types bantou, nilotique ou soudanais. Au sein de ces types, on peut percevoir des sous-types. Ainsi chez les Bantou de mon pays originel, la République démocratique du Congo (RDC), on peut, si l'on s'y attarde, percevoir des sous-types *'mukongo'*, *'muluba'*, *'mushi'* ou *'muyaka'*, dans les traits physiques et les maniérismes ; mais, les distinctions, à ce point, sont généralement imprécises, souvent aléatoires, parfois arbitraires et quelques fois erronées. Ces types et sous-types résultent de la consolidation des traits par une reproduction circonscrite dans un espace géographique ou culturel donné. Irrémédiablement, ils se diluent à mesure que cet espace s'élargit et que divers mixages s'y opèrent. C'est bien le cas dans les *espaces extra-coutumiers* que constituent les centres urbains.

De sa compréhension empirique de l'hérédité des traits, l'Africain a-t-il élaboré des stratégies visant à *améliorer* ou à renforcer certains traits au détriment d'autres ? Une lecture attentive du passé consigné dans des documents ethnologiques indique que cela a bien été le cas [Torday, 1929]. En effet, chez l'Africain (comme chez les autres groupes humains et même les animaux), un grain d'eugénisme sous-tend tout choix reproductif : les hommes vigoureux et valeureux, les femmes bellement garnies ont toujours occupé les têtes de pelotons des partenaires sexuels éventuels : ils étaient prisés, convoités, recherchés. Dans certaines ethnies du Kasaï (RDC), les sœurs et les cousines du prétendant à la main d'une fille, avaient pour responsabilité de jauger, lors des bains communautaires, les proportions corporelles – seins et tétons, cuisses et mollets, bassin et fesses – de la fille afin d'estimer sa capacité de travail, non seulement de ménage, mais aussi d'enfantement.

Par ailleurs, l'Africain s'interdit certains couplages pouvant mener à *'la détérioration de la lignée'*, à des morbidités et des mortalités récurrentes à travers la descendance. L'endogamie est l'une de ces sources reconnues de détérioration. Elle est par conséquent absolument interdite dans de nombreux groupes ethniques. Chez les Baluba, cette interdiction s'applique au clan tout entier. Un clan peut regrouper des dizaines de villages de commune ascendance s'étalant parfois sur 10 générations et dénombrant dans son ensemble plusieurs milliers d'âmes. Le mariage entre membres d'un même clan est considéré incestueux et porteur de malédictions. Il est donc prescrit à quiconque entretient un projet matrimonial de chercher conjoint dans des clans éloignés. Dans les centres urbains où se côtoient diverses tribus, il est crucial de s'enquérir de l'origine clanique de toute personne de l'autre sexe que l'œil et le cœur désirent, avant de lui 'chanter la pomme' et de lui demander la main, de peur d'enfreindre le tabou sacré de l'inceste élargi. De toutes les façons, l'entérinement par la famille de toute alliance éventuelle est sujet à une vérification méticuleuse du respect de l'interdit.

Curieusement, dans certains clans de certaines tribus de la RDC, des Bakongo par exemple, le mariage entre cousins, même germains, est autorisé [Lembe-

Masiala, 2007]. La pratique pourrait ne pas être courante, car notre recherche ne nous a pas révélé de maladies attribuables à l'endogamie dans ces tribus.

À côté des interdits absolus, il existe de fortes recommandations visant à prévenir des survenues désagréables dans sa progéniture. Par exemple, à une personne de teint clair, il est généralement recommandé de fonder famille avec une personne de teint plus sombre de peur d'engendrer un enfant albinos.[4] Bien souvent, un précédent d'albinisme ou de simple rousseur (*nsaka-muabi* en tshiluba) dans une famille est cause de profonde circonspection quand on considère prendre femme ou mari en son sein. Je me souviens encore avec amusement de la panique qui avait saisi ma mère quand je lui avais fait part de l'albinisme du grand-frère d'une très jolie fille à qui mon grand-frère voulait demander la main. « *Abu kabundengi !* (Que cela ne me touche pas !) » avait-elle crié. Par ce cri d'alarme, elle opposait son veto à toute possibilité d'alliance entre mon frère et la fille.

La même circonspection se manifeste à moindre degré quand on cherche un partenaire matrimonial hors

---

[4] En tshiluba, le terme utilisé pour désigner un albinos est '*Tshitokatoka*'. Il a une connotation péjorative et se traduirait dans son sens le plus cruel par 'Monstre blanc'. Sous l'instigation du diocèse de Mbuji-Mayi, une appellation élégante et bien plus bienveillante a été récemment proposée : '*Mutoka wa kuetu*' (Le Blanc de chez nous) !

de ses frontières tribales, mais cette fois pour des raisons plus de continuité culturelle que de continuité procréatrice. L'assimilation consentie de l'un des partenaires — souvent la femme — dans la culture de l'autre, sa langue et ses coutumes, permet d'alléger quelque peu cette inquiétude.

Ces proscriptions, prescriptions ou recommandations sont des évidences de connaissances empiriques et approximatives de la biologie de l'hérédité. Ces connaissance étaient vécues, exploitées et, dans une certaine mesure, manipulées pour assurer l'avenir. Elles étaient, à nos yeux, scientifiques dans le sens large du terme.

I.2. L'hérédité expliquée

Cette biologie se résumait à la mécanique de la reproduction. Que l'insémination d'une femelle par un mâle soit nécessaire pour reproduire et perpétuer la vie, était d'une évidence banale dans la société africaine traditionnelle. Le vocabulaire portant sur les organes et les processus reproductifs témoigne aussi de ce savoir. Dans le lexique tshiluba, par exemple, on retrouve les mots tels que '*nsapu*' (scrotum), '*kamuma ka mikuji*' (ovaire), '*mpaya wa muana*' (utérus), '*nkishabu*' (placenta), '*muoko* (cordon ombilical), '*ku-luma*' (inséminer), '*ku-imita*' (concevoir). .

Toutefois, il n'est pas certain que la notion de la rencontre de deux semences, celle de la femme et celle de

40

l'homme, comme événement initiateur de la reproduction ait été aussi répandue dans la science populaire. On parlait plutôt de *'l'eau de l'homme'* éjectée lors de rapport sexuel se mélangeant avec *'le sang de la femme'* au sein de l'utérus pour former le fœtus. L'on savait que les testicules portaient l'essence de la virilité, que les menstruations étaient le signe indicateur de la fécondité d'une femme et que leur cessation après un rapport sexuel avec un homme inaugurait une grossesse. Ces connaissances couvraient le processus biologique au travers des organes ad hoc ; elles n'expliquaient nullement l'hérédité des traits. Car l'explication était d'un autre ordre : elle était de l'ordre du spirituel.

Dans l'Afrique de la tradition, celle non encore soumise aux schèmes explicatifs des religions importées comme l'Islam ou le Christianisme, l'hérédité trouve sa rationalité à travers les visions que les peuples de cet espace culturel ont élaborées pour donner un sens à leur existence, à travers des cosmogonies justificatrices. À quelques nuances près, ces cosmogonies affirment l'existence de deux mondes : le visible et l'invisible. Le monde visible est habité par des êtres de chair, celui invisible par Dieu, les esprits et les mânes. Ces deux mondes sont en communion permanente. En fait, le monde visible ne serait que le reflet, mieux, l'expression plus ou moins fidèle des volontés ou actions du monde invisible, de Dieu en personne, des esprits et des mânes dans la

41

mesure des parcelles de pouvoir que leur concède Dieu. N'est-il pas dit en tshiluba : « *Kulela kakuena ku makanda, anu Nzambi wa Kulu wa kuela lupemba.'* (Enfanter n'est pas du pouvoir de l'être humain mais du Dieu du Ciel quand il daigne le marquer au kaolin (le bénir) » ? C'est dans ce monde intangible que les élans de vie sont formulés pour être ensuite *'visibilisés'* dans la chair.

Ainsi, pour l'Africain traditionnel, l'hérédité n'est pas une loi naturelle ; elle est une décision de l'au-delà concrétisée. Elle est la réincarnation d'un parent ou d'un ancêtre défunt. Cette incarnation ne peut prendre lieu qu'au sein de la famille élargie. Elle peut être reconnue à la conception, à la naissance et durant la croissance de l'enfant, par des ressemblances de traits physiques ou comportementaux avec les disparus. Selon la croyance, le temps entre la mort et la réincarnation est indéfinie. Elle peut survenir longtemps après la mort ; dans ce cas, seule la mémoire de la famille et du clan permet de la re-connaître. Elle peut survenir peu de temps après la mort ; elle est alors immédiatement reconnue et honorée. Dans ce contexte, je citerai deux cas dont j'ai été un témoin proximal : celui, dans les années 80, de KTG, l'un des frères de mon épouse et celui plus récent de la femme de KNB, un ami : dans les semaines qui ont suivi leur dis-parition sont nés, de la veuve du premier, un fils et, de la belle-fille de la seconde, une petite-fille, qui ressem-blaient, à faire frémir, au parent disparu. Comme il se doit, les enfants ont reçu les noms des disparus. La survenue occasionnelles de telles coïncidences conforte la croyance en l'hérédité par réincarnation et la rapproche d'une théorie scientifique.

L'acte de nomination en lui-même, dans sa signification spirituelle, implique une passation de traits physiques ou tempéramentaux. Dans les familles africaines, il n'est pas rare d'entendre relever d'étranges ressemblances entre un enfant avec son homonyme vivant ou défunt. En RDC, les mots des langues nationales pour homonyme —— '*ndoyi*' en lingala et en kikongo, '*majina*' en kiswahili, '*shakena*' en tshiluba — certifient une profonde gémellité organique. La connivence entre des '*ndoyi*' est vécue jusqu'aux tripes, au point, dit-on, qu'un mal commis contre l'un d'eux est psychologiquement et physiquement ressenti par l'autre. Une prudence attentive est donc de mise en la présence d'homonymes. Illusion désirée ou ferme réalité, l'assertion n'en traduit pas moins une tentative d'expliquer le phénomène de l'hérédité.

Une autre forme de transmission est bien celle du pouvoir, pouvoir de dirigeant ou pouvoir de profession. Car tout pouvoir est un héritage du monde spirituel. Il peut être transmis au sein la lignée (par naissance) ou en dehors de la lignée (par initiation). Dans ce dernier cas, la transmission est officiée par une personne nantie de ce pouvoir précis. Dans cette catégorie, on retrouve la succession héréditaire sur les trônes des rois et des chefs, ainsi que l'appartenance à diverses confréries professionnelles, de mystiques, prêtres, thérapeutes, soldats, marins ou métallurgistes, etc.

Il m'est arrivé une fois d'être témoin d'une pratique, — folklorique à mes yeux —, qui visait à transmettre des traits caractériels d'une femme à une fillette. L'occasion était festive. La femme a collé ses lèvres contre celles de l'enfant et a déversé de sa salive dans la bouche de cette dernière en disant : « *Wamfuana* !' (Puisses-tu me ressembler !) ». Le geste se voulait une faveur et une dotation. Une recherche sur le sujet m'a appris que cette pratique était anciennement répandue à travers les cultures et les époques [Godbey, 1914]. Dans tous les cas, ce partage de fluides biologiques symbolisait (ou actualisait) une intimité, un pacte, ou le transfert de force vitale d'un aîné à un puis-né, d'un ascendant à un descendant.

La force vitale peut se conférer ; elle peut aussi se capturer par la force ou la malice. En Afrique, on parle souvent de rituels ésotériques d'acquisition volontaire d'une telle force par la manducation, réelle ou mystique, de la chair d'une personne dont on reconnaît la puissance, durant sa vie ou après sa mort. Le secret qui entoure jusqu'à nos jours l'inhumation des hautes personnalités des sociétés traditionnelles vise à prévenir la profanation de leurs tombes à cette fin. Quand on y pense, la pratique, à quelques nuances près, rappelle le rite de l'Eucharistie des chrétiens catholiques et leur vénération des ossements, vêtements ou autres articles ayant appartenu à des personnes proclamées saintes.

I.3. L'hérédité morbide

Il ne fait pas de doute que l'Africain de la Tradition n'ait pas manqué de remarquer que certaines maladies mortelles survenaient dans des familles à travers les générations. Elles étaient généralement attribuées à une malédiction acharnée provenant d'un péché ancestral ou de la malice d'un esprit (appelé 'ogbanje' chez les Igbo) qui prenait chair pour un temps et repartait peu après, soumettant ainsi les parents à un calvaire à répétition.

Le plus souvent, la malédiction était conjurée par le paiement d'un tribut (immolation d'une bête ou d'une volaille domestique) accompagné de supplications à Dieu et aux mânes. Dans certaines tribus, il se pratiquait un rite plus ou moins élaboré visant à interrompre le cycle incarnation-désincarnation par légère mutilation du corps du nouveau-né, le rendant ainsi *indésirable* pour le monde des esprits. Chez les Igbo, cette mutilation consistait à sectionner au métacarpe l'index d'une main de l'enfant 'ogbanje' [Edelstein, 1986]. À la suite d'une telle cérémonie de propitiation, il arrivait que les enfants subséquents *soient autorisés ou consentent* à demeurer en vie. À ce propos, mon nom '*Majambu*', qui signifie 'sépulcre', est attribué chez les Baluba à l'enfant qui a mis fin à une telle série de mortalités infantiles. En ce qui me concerne, je l'ai hérité ; je ne l'ai pas mérité.

Une maladie héréditaire, autrefois mortifère pour les enfants de moins de 5 ans, se caractérisait par d'atroces douleurs dans les articulations, une déformation grossière du crâne, un gonflement unilatéral de l'abdomen, une pâleur épidermique et une fragilité généralisée. La maladie portait divers noms dans les sociétés ouest-africaines : '*Chwechweechwee*' chez les Ga du Ghana, '*Aju-hoi*' chez les Igbo et '*Amisani*' chez Haussa du Nigéria, '*Itaagmi*' chez les Bassari du Togo, '*Adep*' chez les Banyangi du Cameroun [Edelstein, 1986]. La science moderne l'a démystifiée ; elle l'a baptisée drépanocytose, anémie falciforme ou anémie SS, comme mentionné dans l'avant-propos. En RDC, la prévalence du trait drépanocytaire est d'environ 30%; celle de la maladie elle-même est d'environ 2%. Pourtant, nous n'avons retracé dans cette région aucune documentation archivée, orale ou écrite, qui témoigne d'une identification ancienne de cette maladie par un nom précis. Il est difficile de croire que les symptômes typiques de celle-ci aient pu échapper à l'attention des parents et des thérapeutes, au point qu'ils n'aient point cherché à les nommer. Sur ce vide onomastique, nous avons interrogé quelques médecins congolais ayant professé longtemps au Congo. Sans être certain, l'un d'eux, un chirurgien, a affirmé avoir entendu parler du '*bokono ya kibeka*', lingala pour 'maladie de la rate', faisant référence à la splénomégalie (grossissement de la rate) qui est une marque de la drépanocytose. Un médecin pédiatre nous a proposé cette explication que nous trouvons assez judicieuse : « Il se pourrait, nous a-t-il dit, que dans le passé, dans cette région de l'Afrique, les enfants SS mourraient tôt dans l'enfance avant que les symptômes n'apparaissent de façon récurrente. » Dans ce contexte, il existait, dans sud-ouest et le centre de la RDC, un rite dit des '*Mbombo*', visant à soigner les fausses couches ou les mortalités périnatales récurrentes. Ce rite s'appliquait-il aussi dans des cas de morts répétées d'enfants SS [Goblet-Vanormeligen, 1993] ?

Héréditaire ou pas, maladie signifie handicap ou douleur ; elle appelle au soulagement par intervention thérapeutique. Cependant, dans l'Afrique ancienne, il arrivait qu'un trait physique qui parcourait les générations dans un peuple donné sans morbidité apparente, fût considéré normal et même désirable par ce peuple alors qu'un autre peuple le prendrait pour une anomalie. C'était bien le cas du goitre, un grossissement de la partie antérieure du cou, qui sévissait dans l'Ubangi-Uélé du Congo belge au début du siècle dernier [De Smet and De Visssher, 1960] et que les autochtones avaient '*adopté*' comme signe de beauté féminine, malgré le fait que la condition était parfois associée à un certain retard mental (crétinisme). On sait aujourd'hui que le grossissement était dû à une hypertrophie de la glande thyroïde suite à une déficience chronique d'iodure de sodium dans la diète des gens de cette région. L'ajout de ce sel à la diète a vite mené à la disparition de l'anomalie, démontrant qu'elle n'était pas héréditaire, mais acquise. C'est le cas aussi des 'hommes-homards' de la tribu des Vadoma au désert de Kalahari, qui étaient bien aise de leurs pieds à deux orteils, le plus gros et le plus petit, volumineux, rembourrés et crochus en forme de pince. Ectodyctalie est le terme scientifique de la difformité. Elle est due à une mutation génétique. Elle se maintiendrait suite à l'endogamie pratiquée par cette tribu.

I.4. Les aléas congénitaux

En Afrique de la tradition, toute naissance qui sortait de l'ordinaire était porteuse de messages. Dans la culture baluba, on en dénombre plusieurs : les 'mapasa' (jumeaux), les 'Musuamba' (venus après des jumeaux), les 'Ntumba' (conçus avant l'apparition des menstruations), les 'Tshiowa' (dont la gestation s'accompagne de menstruations), les 'Tshiela' (qui sortent du sein maternel les pieds les premiers), 'les 'Ndomba' (qui tendent la main la première avant leur exit du sein maternel), les 'Ngalula' (nés après au moins trois enfants du même sexe), les 'Mujinga' (nés enroulés du cordon ombilical), les 'Kalanga'

48

(dont les gencives sont parsemées de bourrelets), les '*Tshituka*' (prématuré), etc. [Kabasele et al., 2011].

Parmi les plus communes de ces naissances, celle des jumeaux est sans conteste la plus significative. Du fait de sa singularité, elle suscitait généralement la peur, peur d'un maléfice si on osait contrarier les désirs des jumeaux, peur qui, à l'extrême, pouvait mener à l'infanticide préventif. Un anthropologue britannique, ayant vécu chez les Bakongo au début du siècle dernier, écrit à ce sujet :

> « À cause des ennuis qu'ils causent, les jumeaux ne sont pas facilement acceptés par les femmes Bakongo, qui généralement affament l'un d'eux. Quand un jumeau meurt ainsi de famine ou de mort naturelle, une statue de bois représentant le défunt est taillée et placée aux côtés du son parent survivant pour qu'il ne se sente pas seul. » [Weeks, 1914].

Les traits des enfants 'insolites' ne sont pas héréditaires ; ils sont d'épisodiques déviations de la norme, des 'exceptions', pour ainsi dire. Pour les accommoder et s'en accommoder, la société a institué des cérémonies, plus ou moins élaborées et parfois récurrentes, qui servent à leur signifier la pleine acceptation de leur présence en son sein. Toutefois, cette acceptation joint la compassion à l'appréhension. Elle s'applique aussi à toutes les formes d'anomalies congénitales : le nanisme (petite taille), la fente labio-palatine (bec-de-lièvre), l'hypercyphose (bosse), la trisomie 21 (mongolisme), la polydactylie (doigt ou orteil surnuméraire) et la syndactylie (fusion ou palmure de doigts ou d'orteils) en sont des exemples. Deux proverbes baluba encapsulent cette acceptation : *Walela kuimanshi, nansha ka mutu mpandu* (Ne rejette pas le bébé que tu as enfanté, même s'il a la tête fendue) ; *Kuseki mulema, ne upange kufua disu, watshibuka mukolo* (Ne te moque pas de l'infirme de peur qu'un jour, tu ne perdes un œil aussi, ou ne te brises une jambe).

En résumé, les sociétés africaines traditionnelles étaient bien conscientes du phénomène de l'hérédité des traits. Par pur empirisme, elles en avaient compris les principaux mécanismes biologiques. Elles avaient même théorisé sur le phénomène en puisant dans les schèmes philosophiques et religieux en vogue dans leurs cultures. Les théories traditionnelles de l'hérédité possédaient une cohérence et une logique intrinsèques. L'incorporation des volontés désincarnées dans ces théories assurait cette cohérence. D'ailleurs, cela n'est pas unique au monde africain : de tout temps, en tout lieu, à un moment donné, l'appel aux hypothèses spirituelles a fait partie de la recherche de sens dans la vie et l'Univers. Quoi qu'il en ait été, ces théories ont permis aux sociétés africaines de gérer leur réalité, de s'y orienter en posant des choix utiles qui ont assuré leur survie pendant des millénaires. Par définition, toute théorie véhicule une marge d'incertitude. Seule l'observation assidue des conséquences de la dite théorie permet de circonscrire cette marge et de la consolider. Si les sociétés africaines traditionnelles ont préservé ces théories, c'est que, d'une façon ou d'une autre, elles leur servaient bien, des points de vue pratique, thérapeutique et psychologique. Elles ont donné lieu à un savoir d'une richesse étendue [Armand-Bouquet, 1969]. Ce savoir, malheureusement, risque de disparaître sous les yeux indifférents des convertis au modernisme. Ceux-ci rejettent ou remettent en question l'objectivité des prédictions issues de ces théories parce qu'ils vivent en dehors de cette réalité, s'étant forgé une autre plus rassurante, plus pratique, mais tout aussi accablée par ses propres incertitudes. En effet, le vocabulaire scientifique ne libère pas l'Homme de ses inquiétudes existentielles. Il réaménage sa perception de la réalité, lui accorde une certaine maîtrise sur celle-ci, mais il le laisse tout aussi pantois face au mystère de l'Univers et de la vie, tout aussi appréhensif que vulnérable face à son inéluctable finitude.

Tshikele katshitu tshilela lukulu.
(Une dorade n'engendre pas une sardine.)

CHAPITRE II

De l'hérédité à la génétique

Le mot science, dans son étymologie primaire, signifie une accumulation recherchée du savoir, née du désir de comprendre afin de mieux gérer l'avenir. Jusqu'à preuve du contraire, elle est une activité purement humaine, les animaux n'ayant pour guides anticipatifs que les instincts enchâssés dans leur biologie. L'observation des faits est la mère de la science ; sa fille, c'est l'agencement de ces faits dans des schèmes à la fois potables pour la raison et ouverts à des prédictions utiles. Depuis que l'Homme est homme, il a toujours été un scientifique, même si sa science s'est accommodée pendant longtemps des nombreux postulats divins et spiritualistes. Ainsi, dire que la science n'a débuté qu'il y a trois siècles est une redéfinition du terme. Désormais, on qualifie celle qui l'a précédée de proto-science.

La nouvelle définition a purgé la notion de science des volontés immatérielles et non manipulables pour la cantonner dans l'observable, le manipulable et le vérifiable. La nouvelle science n'a que faire ni des dieux ni des esprits, ni des énoncés théologiques et philosophiques. Elle se veut matérielle, froide et objective. Curieusement, dans le domaine de l'hérédité des traits, c'est à un *'homme de Dieu'* qu'il est revenu d'appliquer ses nouvelles normes et de faire de ce phénomène une science : la génétique.

II.1. Du moine et son jardin à la grande théorie

Gregor Mendel (1822–1884) était un moine catholique tchèque et un passionné de la botanique expérimentale. Il cultivait dans un jardin autour de son monastère de Brno une grande variété — 30,000, dit-on — de plantes à pois et étudiait de façon systématique leurs caractéristiques, la taille de la plante et la couleur de ses pois en particulier. Chaque variété de plante à pois est capable d'auto-fertilisation et de fertilisation croisée avec d'autres variétés. L'auto-fertilisation sur plusieurs générations produit des lignées pures de plantes.

Mendel a développé de telles lignées. Quand il a croisé une lignée de courte taille avec une lignée de grande taille, les plantes issues de ce croisement (génération F1) étaient à 100% de grande taille. Il a conclu que le trait *'grande taille'* était dominant. Mais quand il a permis aux plantes F1 de s'auto-fertiliser, les plantes de la nouvelle génération F2 étaient à 75% grandes et à 25% petites. De cette distribution, il a émis l'hypothèse que, dans chaque lignée pure , le trait *'taille'* était déterminée par une paire de facteurs identiques qui lui sont propres, de '*petitesse*' (pp) ou de '*grandeur*' (gg) ; que dans la génération F1, chaque lignée contribuait une moitié de sa paire pour former une paire mixte (pg), mais puisque le facteur 'g' était dominant et le 'p', faible (récessif), toutes les plantes de la génération étaient de grande taille. Pour produire les plantes de la génération F2, les facteurs se séparaient et se recombinaient de façon aléatoire en pp, pg et gg, dans les proportions de 25%, 50% et 25% respectivement, donnant lieu à 25% de petites plantes (pp) et 75% de grandes plantes (pg et gg). Mendel confirma ces résultats en examinant d'autres traits, comme la couleur de la gousse à pois et des feuilles, ou la forme des semences.

Aujourd'hui, nous connaissons la nature de ces facteurs et des cellules qui en portent une copie et qui sont chargées de les combiner au cours de la reproduction sexuée. Nous les décrirons plus tard dans ce chapitre. Cette quantification des traits et mathématisation des lois de leur transmission a consacré Gregor Mendel comme Père de la génétique. Sa découverte n'a été reconnue que 40 ans après qu'il l'ait publiée [Mendel, 1866] et vingt ans après sa mort, noyée qu'elle était dans l'effervescence des observations biologiques recueillies durant cette période et les théories qui en ont découlé.

La plus brillante de ces théories était sûrement celle de l'Évolution des espèces, articulée — pas conçue

— par le naturaliste anglais Charles Darwin (1809–1882) [Darwin, 1859]. Elle stipulait que les traits des espèces étaient soumis au crible d'une sélection naturelle; et que ceux qui favorisaient la survie de l'espèce étaient préférentiellement transmis de génération en génération. En d'autres termes, la Nature soumettrait constamment les espèces à diverses formes de pression, de sorte que celles qui manqueraient les traits leur permettant de soutenir ces pressions périraient, et ceux qui les posséderaient survivraient. Dans le siècle qui suivra la publication de Darwin, l'impact sociologique de sa belle théorie biologique sera incommensurable. La théorie sera distordue afin de jauger les individus et les groupes, et de justifier toutes les injustices sociales. Nous y reviendrons.

Observateur affûté des similitudes et des différences naturelles, Darwin a aussi énoncé que les espèces ne seraient pas apparues toutes faites, mais qu'elles proviendraient d'autres espèces plus anciennes à la suite d'une différentiation et d'une consolidation des traits distinctifs. L'isolement géographique et reproductif aurait contribué à la différentiation, à l'adaptation et à la consolidation de ces traits. Les espèces seraient en quelque sorte liées par lignage comme les branches d'un Arbre de la Vie, les plus proximales étant plus semblables, les plus distales plus dissemblables. Ainsi l'Homme et le chimpanzé, de par leurs ressemblances physiques, seraient apparentés et descendraient d'un commun ancêtre, aujourd'hui disparu. Des preuves moléculaires des dernières décades confirment largement cette théorie.

Depuis plus de 150 ans, malgré l'accumulation des évidences paléontologiques qui la conforte, la Théorie de l'Évolution des espèces continue à heurter la sensibilité de ceux qui persistent à croire littéralement à la légende biblique de la création en sept jours. Tristement, elle a aussi servi d'argument à ceux de ses adeptes qui tentent de construire *une échelle de valeur* au sein des espèces, et même au sein de l'espèce humaine, d'expliquer les inégalités et les injustices sociales par la règle suprême du *'survival of the fittest'*, de la survie du mieux-adapté.

II.2. Les maquettes à léguer

Quand Mendel et Darwin ont quitté ce monde, le microscope avait déjà vu le jour. Il avait permis de voir les formes les plus élémentaires de la vie, capables de vivre plus ou moins indépendamment et de se reproduire : les microbes. Il avait aussi permis d'observer que les tissus des vivants plus complexes — plantes, poissons, insectes, animaux, etc. — étaient composés d'une myriade de petites unités, plus ou moins différentes, attachées les unes aux autres ; que ces unités, dénommées *cellules*, pouvaient se multiplier avant de prendre les formes et les textures appropriées pour leurs tâches particulières. De ces observations microscopiques, on avait déduit que les cellules s'assemblaient en tissus, les tissus en organes, et les organes en organismes. À ce point, on ne savait absolument rien du programme qui commandait ces différenciations et assemblages.

La cellule est un saccule délimité par une membrane et contenant les ingrédients essentiels à sa survie. Quand une cellule contient un espace intérieur plus ou moins homogène, elle est dite procaryote (ex., la bactérie). Quand elle contient un espace subdivisé en deux compartiments principaux, le *cytoplasme* et le *noyau*, elle est dite eucaryote (ex., dans la plante et l'animal, dont l'Homme). Le cytoplasme est l'usine de fabrication et de transformation des ingrédients essentiels à la survie et au fonctionnement de la cellule, dont les protéines, les sucres et les gras. Le noyau est le 'coffre-fort' où se conservent les maquettes permanentes des méthodes de fabrication et de transformation des ingrédients. Ces maquettes sont transcrites, en partie et au besoin, en copies temporaires ; ces copies sont transférées dans le cytoplasme où elles sont utilisées pour guider la production des 'ouvriers de l'usine' : les protéines. De ces protéines, celles appelées *enzymes* sont indispensables à la vie dans les limites de temps alloué à tout organisme, car elles accélèrent les réactions biochimiques de fabrication et de transformation qui, autrement, prendraient trop longtemps pour se dérouler à complétion. Littéralement, les enzymes sont les catalyseurs de la vie.

Dans le coffre-fort nucléaire, dans le noyau donc, les maquettes sont réparties en petits paquets longilignes appelés *chromosomes*. La cellule humaine — car c'est sur l'Homme que portera désormais notre réflexion — en contient 46, ou plutôt 23 paires, car chaque chromosome vient en 2 copies, apparentées mais pas identiques, chacune provenant de l'un des deux parents. Nous parlons ici de la cellule dite *somatique* (servant à bâtir le corps). Par contre, la cellule servant à la reproduction sexuée, le *gamète*, ne contient qu'une copie de chaque chromosome pour un total de 23. D'où l'on dit de la cellule somatique qu'elle est *diploïde,* et du gamète, qu'il est *haploïde*. De ces 23 paires, 22 sont appelés *autosomes* et sont désignés par les chiffres 1 à 22, du plus long au plus court ; la paire restante est dite 'sexuelle' ; elle est identifiée par les lettres XX chez les femmes, et XY chez les hommes.

Une propriété de la cellule somatique normale est sa capacité de se répliquer. Pour ce faire, elle fabrique des doubles de tous ses chromosomes, les amasse de manière égale aux extrémités, partage le cytoplasme et la membrane autour de ces amas, scinde cette dernière, formant ainsi deux cellules identiques. Cette division cellulaire, appelée *mitose*, représente la forme basique de passation de maquettes de la vie d'une cellule-mère à deux cellules-filles. Elle sert à agrandir les tissus et les organes à leurs tailles optimales, à les renouveler, à les entretenir et à les réparer.

Dans les glandes reproductives — les ovaires chez les femmes et les testicules chez l'homme — la mitose des cellules germinales progresse en *méiose*, ou la formation des gamètes haploïdes, des ovules chez la femme ou des spermatozoïdes chez l'homme. Quand l'homme insémine la femme, il arrive qu'un ovule capture un spermatozoïde (ou que celui-ci pénètre celui-là : le fertilise), inaugurant la conception du *zygote*, une cellule somatique diploïde reconstituée qui apparie les moitiés chromosomiques des deux parents. Ensemble, ces chromosomes guideront la multiplication et la différenciation cellulaire menant le zygote à se développer, successivement en embryon, en fœtus, en bébé, en garçon ou fille, en homme ou femme. Cette passation de maquettes de la vie par fusion de deux gamètes parentaux a pour finalités la reproduction de l'organisme générique et de perpétuation de l'espèce.

La reproduction sexuée a bien d'autres avantages : elle occasionne le mixage ou le partage des potentialités biologiques, elle permet ainsi d'atténuer les faiblesses et d'accentuer les vigueurs en vue de la survie et de la procréation ; elle autorise aussi une plus grande variabilité de ces potentialités, un atout adaptatif face aux changements de l'environnement. Bref, la combinaison des patrimoines chromosomiques de différentes personnes de la même espèce, *l'hétérozygotie*, est un avantage biologique certain ; sa perte est généralement de mauvais augures.

À l'orée du 20ème siècle, il était devenu évident que les atomes du vivant étaient le carbone, l'hydrogène, l'oxygène et l'azote ; que, sous ses cellules, toute vie n'était que molécules fondées sur ces atomes, assemblées, organisées et dédiées à diverses tâches : bâtir, démolir, assainir, réparer et perpétuer. Comprendre les mécanismes de la vie, c'est comprendre sa biochimie. Comprendre l'hérédité, c'est dévoiler les réactions biochimiques qui permettent la reproduction des organismes.

Quand les cytologistes (les microscopistes des cellules) ont décrit les étapes de la mitose, il était clair que les chromosomes étaient le matériel cellulaire le plus visible qui se transmettait de la cellule-mère aux cellules-filles. Il était probable qu'ils contenaient les molécules qui assuraient l'hérédité. Les biochimistes les ont extraits des noyaux cellulaires pour en déterminer la composition. Parmi les composantes, ils ont remarqué de longs filaments à caractère acide qu'ils ont appelés *acides nucléiques*. Décortiquant davantage la nature de ces acides, ils ont remarqué qu'ils étaient faits d'une succession aléatoire de quatre unités similaires qu'ils ont baptisés *nucléotides*. Chaque unité était constituée d'un groupe phosphate, d'un sucre et d'une structure fermée à plusieurs angles (polygonale) appelée base, identifiée par la lettre A, C, G ou T. Les bases différenciaient les nucléotides ; les phosphates servaient à les attacher l'un à l'autre ; quant aux sucres, il en existait deux types : le ribose et le désoxyribose. Les acides nucléiques composés des nucléotides à désoxyribose ont été appelés *acides désoxyribonucléiques* (ADN) ; et ceux composés de nucléotides à ribose, *acides ribonucléiques* (ARN). Les biochimistes ont déterminé que les chromosomes étaient composés d'ADN enrobé de quelques protéines et ARN. L'ADN, ont-ils conclu, était la molécule de l'hérédité.

Le défi suivant auquel étaient confrontés les chimistes de la vie, était de savoir comment ces filaments d'ADN pouvaient se répliquer et se transmettre de cellule à cellule, de parents à enfants. La voie vers la résolution de ce défi a été l'observation de curieuses symétries dans la composition chimique de l'ADN. En effet, on avait noté que la somme des bases A était égale à celle des bases T, celle des bases C, égale à celle des bases G. Par ailleurs, quand on a soumis l'ADN à l'examen aux rayons X, les reflets projetés sur le film capteur donnaient un motif circulaire ponctué de tâches concentriques à égales distances les unes des autres comme l'ombre d'un serpentin illuminé du centre sur sa longueur. Telles étaient les données à la mi-20ème siècle. Qu'en faire, qu'en déduire ? Apparurent sur la scène deux jeunes chercheurs de l'Université Cambridge, l'Américain James Watson et le Britannique Francis Crick (1916-2004). Dans un éclair de génie, ils prirent les données et 'connected the dots' (raccordèrent les points). Ils conçurent, littéralement, le modèle *double hélice* de l'ADN. Par ce simple geste d'imagination publié en une page et demi [Watson and Crick, 1953], ils ont illuminé les mécanismes de réplication de la vie, donnant naissance à la génétique moléculaire. La découverte leur a mérité le Prix Nobel en 1962.

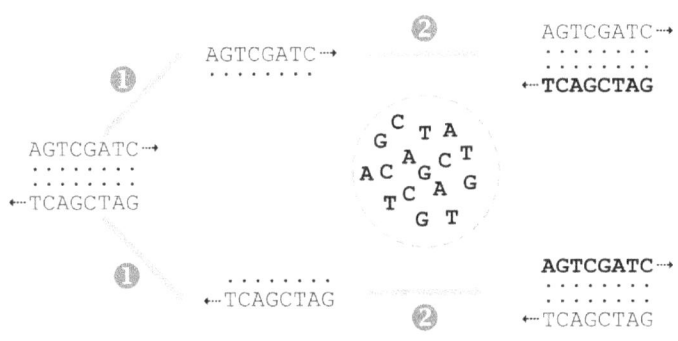

Figure II.3a. *Réplication de la double hélice*

L'ADN, dans la vision de Watson et Crick, est fait de deux chaînes (brins) anti-parallèles (parallèles, mais en directions opposées) de nucléotides tordues en serpentin. Les bases de ces brins se font face, le A au T et le C au G. La base A est dite complémentaire à la base T, la base C à la base G. Pour la duplication de l'ADN (Figure II.3a ci-dessus), la double hélice se défait en longueur (1); chaque brin sert alors de matrice à la fabrication d'un brin- frère, par placement des bases complémentaires puisées d'un réservoir de nucléotides (2, en lettres grasses); et voilà la double hélice répliquée ! Simple ? Pas si simple que ça ! Le processus implique la participation programmée d'un bon nombre de protéines, des enzymes spécifiques, qui placent chaque nucléotide au bon endroit, qui vérifient les placements et qui les corrigent en cas d'erreur... mais qui parfois défaillent dans cet exercice et causent des changements dans la séquence nucléotidique répliquée, changements indifférents, bénéfiques ou pathogènes, transmissibles aux cellules-filles, ou héréditaires à travers la descendance, comme nous en discuterons plus bas.

L'ADN des chromosomes est localisé dans le noyau de la cellule ; il est dit nucléaire. Il existe aussi dans des organelles appelées *mitochondries* éparpillées par centaines dans le cytoplasme de toutes les cellules. Vestiges de microbes ayant colonisé la cellule eucaryote durant l'Évolution, les mitochondries sont les fournaises de cette dernière ; elles fabriquent l'énergie chimique dénommée ATP — acronyme pour adénosine triphosphate — nécessaire aux réactions biochimiques. Bien que retrouvées dans toutes les cellules, celles des hommes comme celles des femmes, les mitochondries et leur ADN sont transmis de mère à fille seulement, pas de mère à fils, pas de père à fils, ni de père à fille. L'importance de ce mode de transmission sera évidente quand nous aborderons la question de savoir dans quelle région du globe est apparue la première femme, la mère de l'Humanité.

L'ADN peut donc être répliqué ; il peut être transcrit aussi selon les mêmes règles de complémentarité de bases, mais en simples brins, avec des nucléotides à sucre ribose (au lieu du désoxyribose) et aux bases A, C, G et U (à la place de la T). Les produits de cette transcription s'appellent ARN. Ils sont des dépositaires temporaires de l'information contenue dans l'ADN. Tempo-

Figure II.3b. *Le flux de l'information génétique*

raires parce que, contrairement à l'ADN, ils sont inconstants au cours de la vie d'une cellule. Ils sont produits dans le noyau, puis transportés dans le cytoplasme où ils servent de matrices pour la fabrication des protéines, les vrais ouvriers de la cellule. Certains ARN ne sont pas traduits en protéines ; ils interviennent dans la construction d'organelles cellulaires et de leur régulation.

Ainsi, le flux normal de l'information génétique consiste donc en une boucle (la réplication), et en un transfert en deux étapes successives (la transcription, puis la traduction) comme l'illustre la figure II.3b ci-dessus.

L'expression d'un gène comprend la transcription et la traduction de l'information qu'il contient. Un ADN ne fait pas nécessairement un gène. Dans sa signification restreinte, un gène est un tronçon d'ADN contenant une information précise, convertible en ARN ou en protéine. Dans son sens plus élargi, il comprend aussi les tronçons d'ADN, proximaux ou distaux, qui contrôlent où, quand et comment le gène est exprimé.

II.4. Les briques du génome

Comme nous l'avons dit plus haut, l'ADN est fait de longues chaînes de 4 types de nucléotides, A, C, G, T, se succédant de façon aléatoire. C'est l'acquisition d'une fonction informationnelle qui confère à un tronçon de nucléotides en série le titre insigne de 'gène'. L'ensemble des gènes d'une cellule se dénomme *génome*. Vers la fin des années 1970, deux chimistes, Fred Sanger (1918-2013), le Britannique de l'Université Cambridge, et Walter Gilbert, l'Américain de l'Université Harvard, ont développé deux façons différentes de déterminer la séquence des nucléotides (séquençage) d'un ADN. Pour avoir développé cette technologie, ils ont mérité le Prix

Nobel de Chimie de 1980. Pour Sanger, c'était son second : le premier lui avait été attribué en 1958 pour avoir élucidé la séquence des maillons (acides aminés) de l'insuline. Comme quoi, le génie se concentre parfois dans une perle rare. La méthode de Sanger, plus conviviale, a été automatisée, rendant le séquençage facile et général. Entre-temps, les capacités informatiques de stockage et d'analyse de données croissaient de façon exponentielle. Deux Américains, Francis Collins, du National Institute of Health (NIH) (une agence gouvernementale), et Craig Venter, de Celera Genomics (une compagnie privée), avec leurs bataillons concurrents de chercheurs, ont décidé d'élucider la séquence complète des nucléotides du génome humain. En l'an zéro de l'actuel millénaire, ces *'Indiana Jones'* de la recherche biologique ont relevé le défi : ils ont ouvert le voûte ; ils ont révélé à l'Humanité la chimie de son émergence et de sa permanence, bref, de son hérédité.

Le génome de la cellule humaine contient environ 3 milliards de paires de bases successives, mais 30 mille gènes seulement. Si l'on estime la longueur moyenne d'un gène à 10 mille paires de base, la part d'ADN nécessaire à la vie humaine ne serait que de 300 million de paires de bases, soit 10% du génome. Que dire du surplus d'ADN ? À quoi sert-il ? Est-il vraiment inutile à la vie ? Certains l'ont traité de *'junk DNA'*, de dépotoir ou de poubelle. D'autres préfèrent le voir comme une mémoire et un terrain des expérimentations de l'Évolution. Non seulement on y trouve les traces de nos rencontres passées avec les plantes, les bactéries et les virus, mais il s'y déroule aussi des réarrangements, des saltations et des contorsions qui, sans menacer la vie actuelle, ressemblent à une exploration ou une anticipation d'autres possibilités de vie. Spéculation ? Oui, mais quand on se situe dans le long train du passé évolutionnaire, cela ne semble pas si hors des rails.

Quand on examine l'alignement le long des chromosomes des gènes de différentes espèces — disons la souris et l'Homme — on observe des correspondances frappantes sur des segments entiers. Cette observation s'appelle synténie. Elle suggère que *le processus des apparitions des espèces impliquait un réaménagement de segments de chromosomes.* Il a donc existé, dans un passé lointain, un ancêtre commun à l'Homme et à la souris dont des tranches du génome ont été réarrangées différemment pour générer les espèces précurseurs de l'Homme et de la souris. Cet ancêtre aurait existé il y a 80 millions d'années. L'Évolution des espèces revient donc à l'évolution des modules de génomes, de leurs restructurations et de leurs altérations différentielles, qui, en fin de compte, interdisent le mixage des génomes, faisant obstacle à la transmission conjointe d'un héritage génétique unifié. Ainsi, les espèces apparaissent quand leurs génomes divorcent.

Ce jeu combinatoire, l'Évolution le joue aussi dans la création et la diversification des capacités entre et au sein des espèces, plus particulièrement au sein des espèces complexes comme les animaux. Pour réussir au jeu, la Nature a forgé les gènes en modules fonctionnels. Ainsi, chez l'Homme, l'information contenue dans un gène est faite de segments informatifs (*exons*) interrompus par des segments non-informatifs (*introns*) (Figure II.4 ci-dessous).

Quand le gène est transcrit en ARN, il l'est d'abord sur toute sa longueur (1) ; de cet ARN primaire (pre-ARN), les segments issus des introns sont enlevés et dé

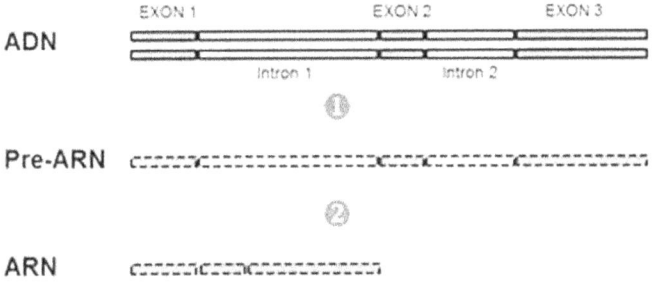

FigureII.4. *Épissage des segments exoniques*

truits tandis que ceux issus des exons sont aboutés (2) dans l'ordre de succession de ces derniers dans le gène, formant ainsi l'ARN fonctionnel, à traduire en protéines ou à bâtir des organelles. Cette conversion du pré-ARN en ARN se dénomme *épissage*.

Dans la création des capacités, l'Évolution a souvent combiné des exons de gènes différents pour créer de nouveaux gènes qui dictent de nouvelles informations pour de nouvelles tâches. L'Évolution obéit à la loi de la parcimonie. Elle reprend, recycle et réarrange les modules de l'ADN hérité pour créer la diversité. Elle emprunte, acquiert et amalgame parfois divers ADN : on estime que presque 10% de nos gènes viennent des virus.

La diversité dans le génome est générée aussi par des changements occasionnels plus ou moins circonscrits du nom générique de *variations* ou *polymorphismes*. Parmi ceux-ci, on compte la translocation ou la duplication de morceaux de chromosomes, les insertions ou les délétions de nucléotides, mais surtout et en très grand nombre, des changements unitaires de nucléotides que capture bien l'acronyme anglais SNP (pour *single nucleotide polymorphism*). Il y aurait environ 10 million de SNPs dans le génome humain ; la vaste majorité se retrouve dans les introns et dans le diffamé ADN dépotoir.

Quand, dans une population, un même gène se retrouve en plusieurs versions qui varient entre elles d'un nucléotide ou plus dans la chaîne d'ADN, chaque version du gène s'appelle *allèle*. Chaque cellule somatique de l'Homme porte deux allèles pour chaque gène, l'un hérité du père, l'autre de la mère. Quand un individu porte deux allèles différents d'un gène, il est dit *hétérozygote* pour ce gène ; il est dit *homozygote* quand il porte deux copies identiques d'un allèle. Une combinaison de variations dans une région du chromosome s'appelle *haplotype*. Quand on imagine, le nombre de nucléotides (3 milliards) et la capacité de chacun de ces nucléotides de générer 4 SNPs, les combinaisons possibles d'allèles et d'haplotypes génétiques dépassent tout entendement. Assurément, qui dit génome dit diversité. Le nombre total et la variété d'allèles au sein d'une population donnée s'appelle *pool génétique*.

Les variations surviennent à tout hasard dans toute cellule : par erreur de réplication de l'ADN, sous l'effet du vieillissement des mécanismes cellulaires, des radiations ionisantes, ou de l'exposition à des produits chimiques toxiques, etc. Mais, répétons-nous, *ces variations ne deviennent héréditaires que lorsqu'elles surviennent dans le génome des gamètes* et, selon qu'elles n'affectent pas, affectent positivement ou affectent négativement la survivance, leurs fréquences dans les générations subséquentes deviennent stables et accrues ou diminuées, respectivement. Ainsi, les variations génétiques, sous toutes leurs formes et leurs variétés, sont les substrats sur lesquels la Sélection naturelle, agissant à travers les diverses pressions de l'environnement, favorise à la longue la perpétuation des espèces les mieux adaptées.

Les variations sans effets sont dites neutres. Dans toutes les espèces, celles qui sont dues aux erreurs de réplication de l'ADN surviennent en nombre plus ou moins constant par génération. Les différences dans la variété et le nombre de variations neutres dans deux génomes apparentés permettent d'estimer le nombre d'années passées depuis que les deux génomes ont divergé. Les variations neutres servent donc d'*horloge moléculaire* de l'Évolution des espèces. Elles permettent de retracer leur histoire et leurs pérégrinations sur la planète Terre. L'hypothèse de l'existence d'une horloge moléculaire a été initialement proposée sur la base des similitudes et des différences entre espèces dans les séquences des protéines. Quand les séquençages d'ADN sont devenus routiniers, elle a été corroborée par le survol comparatif des variations nucléotidiques des espèces.

Toute variation génétique définit un *génotype*. En théorie, il y a autant de génotypes qu'il y a de variations dans un pool génétique. Un trait manifeste ou un ensemble de traits manifestes causé par une variation ou un ensemble de variations génétiques s'appelle *phénotype*. Il existe des génotypes sans phénotypes apparents. Par ailleurs, un changement d'environnement peut mener à l'apparition de phénotypes nouveaux.

Qu'appelle-t-on mutation ? Le terme signifie simplement changement ; il est synonyme de variation, mais l'usage veut qu'on en dénomme seulement les variations qui causent des phénotypes morbides ou mortelles. Les variations dites pathogéniques, qui s'expriment et contrecarrent la fécondité de ceux qui les portent, tendent à disparaître avec le temps, dû au nettoyage par la Sélection naturelle. Si elles persistent dans une population, c'est qu'elles accordaient, sous une forme ou une autre, un bénéfice quelconque dans le passé évolutionnaire de cette population. Nous y reviendrons.

II.5. Les motions du génome

Jusqu'à présent, nous n'avons traité que de la structure du génome, de ses briques multicolores érigées en cathédrales pour créer des espèces. Pourtant, le génome n'est pas seulement une série de maquettes de l'hérédité, précieusement gardée et recopiée dans le secret des noyaux cellulaires. Il y a toute une vie autour de ces maquettes. Des ouvriers moléculaires - les protéines et les ARN - y foisonnent tout autour et s'y activent. Délicatement, en temps voulu et au besoin, ils retirent ces maquettes de leurs tiroirs chromosomiques, les déroulent, les éclairent et les transcrivent, les enroulent et les entreposent à nouveau. *La chronologie, la combinaison, l'abondance relative dans l'expression des gènes déterminent notre conception, notre croissance et développement, notre déchéance et notre mort.* En biologie, tout dépend de et reflète l'expression des gènes ; tout est tributaire des motions du génome : des éveils, des réveils, des sommes et des sommeils des gènes.

La transcription est la première étape de cette expression. Elle est dirigée par des régions génomiques plus ou moins proximales, situées en amont des exons (*promoteurs*) ; l'activité des promoteurs de gènes est régulée par d'autres régions génomiques occupées par des batteries de protéines stimulatrices ou inhibitrices (*facteurs de transcription*). Ces facteurs sont envoyés au noyau par le cytoplasme en réponse au besoin ressenti en dedans ou en dehors du milieu intérieur.

Ainsi les cascades et combinaisons (ADN, ARN, protéines) qui déclenchent et accompagnent les motions du génome tiennent compte de l'environnement qui entoure le génome. *Nous ne sommes pas seulement des reflets de nos gènes ; nous sommes aussi les produits de notre environnement.* L'environnement est l'espace qui détermine les résultats de l'expression des gènes, si cette expression nous accorde la survie, la santé, la fécondité, la maladie ou la mort. Le génome et le milieu sont deux réalités inextricables de la biologie. Il est un non-sens absolu de parler de l'un sans parler de l'autre. À mon avis, de ces deux, le milieu serait primordial parce qu'il a permis l'apparition des molécules de la vie, de l'ADN, de l'ARN et des protéines dans la soupe primitive. De ces trois types de molécules, lequel est apparu en premier ? Nul ne le sait. Selon la théorie de *'RNA World'* (Le monde de l'ARN), l'ARN, et non l'ADN, serait le matériel primitif de l'hérédité [Gilbert, 1986]. Cette théorie se fonde sur les découvertes récentes montrant que certains ARN artificiels peuvent se répliquer et agir en enzymes. Avec le temps, l'ARN primitif, imbu de ces capacités, les aurait réparties entre l'ADN et les protéines. Si les variations génétiques sont les substrats de la Sélection naturelle, le milieu est le terrain sur lequel s'exerce cette sélection. En fait, il est le terrain et le sélectionneur. Le point est d'importance dans cette dissertation sur la primauté indue accordée aux gènes et à la génétique dans les discours sans nuances de certains scientifiques en quête d'une audience admirative, et dans l'imaginaire d'un public porté aux distinctions fatalistes. Comme nous le verrons, la diversité des gènes se mêle avec celle des milieux pour créer une myriade d'individualités vivantes.

II.6. Les empreintes du milieu

L'environnement ne connaît pas des changements cataclysmiques au jour le jour. Les bombardements de la Terre par des météores massifs, les éruptions monumentales de notre étoile Soleil, les glaciations qui congèlent le sol et la vie, sont des événements qui surviennent à intervalles du temps géologique. Ils déciment alors certaines espèces et en épargnent d'autres plus adaptées au nouveau monde. Puisque rares, de tels événements permettent aux génomes survivants le temps d'enchâsser et de répandre les variations génétiques qui leur ont permis de survivre. Ce mécanisme, dénommé '*Évolution ponctuée*', a été proposé par Stephen Jay Gould (1941-2002), le célèbre paléontologue, biologiste évolutionniste et historien des sciences de l'Université Harvard.

Des fluctuations plus ou moins temporaires, par contre, l'environnement en connaît constamment. Elles sont multiformes. Elles comprennent entre autres la nutrition et le climat. Ces fluctuations ont-elles des effets sur le génome ? La réponse est oui. On sait à présent qu'elles marquent certains gènes d'étiquettes discrètes (groupes méthyles) ou les modifient de façon à influencer leur expression. Ces marquages dits *épigénétiques* adviennent autant dans les cellules somatiques que dans les cellules germinales. Ceux des cellules germinales modulent fortement le développement du zygote à l'embryon au fœtus, au bébé, à l'adulte. Ils influenceraient de façon tant soit peu subtile la taille des organes et les dialogues physiologiques entre eux. L'environnement restant le même, ils peuvent être partiellement transmissibles.

De tels marquages pourraient être invoqués pour soutenir la fameuse hypothèse de l'épidémiologiste britannique David Barker (1938-2013), hypothèse selon laquelle les maladies métaboliques de l'adulte (obésité ou diabète, hypertension artérielle) seraient d'origine fœtale [Barker, 1990]. Des études expérimentales chez la souris la soutiennent. Par exemple, nous avons démontré que des souriceaux nés d'une mère nourrie d'une diète pauvre en gras pendant sa gestation, devenaient diabétiques six semaines après leur naissance, si nourris d'une diète riche ; tandis que ceux nés d'une mère grassement nourrie, soumis à la même diète, étaient épargnés de la maladie. L'hypothèse attend encore de plus amples évidences qui la confirmeraient au niveau de l'Homme. Ainsi, au-delà de la figure de style, il y aurait une part de vérité dans l'assertion qui veut que nous soyons ce que nous mangeons.

La grande caractéristique des modifications épigénétiques est qu'elles ne durent que le temps d'une vie. Elles ne sont pas héréditaires au sens strict du terme. Elles affectent les motions du génome dans la présente génération ; elles sont effacées dans les génomes des gamètes, et réinstaurées dans le zygote de la génération subséquente, selon les nouveaux besoins du milieu.

En résumé, sous l'abondante nomenclature génétique, retenons que, tout en soutenant la vie et en la transmettant entre générations, le génome est variable de mille et une façons : variable dans sa structure, variable dans son expression, variable aussi dans les signatures y apposées par le milieu.

Kumvua nkumvulula ; kuamba nkuambulula.
(Comprendre, c'est approfondir; enseigner, c'est répéter.)

CHAPITRE III

L'histoire du génome humain

III.1. La vie humaine est un clin d'œil

L'Univers existe depuis 14 milliards d'années. La Voie Lactée, la galaxie qui nous englobe, est parmi les premières à naître de l'explosion du Big Bang. Notre étoile, le Soleil, s'est formée il y a 5 milliards d'années et, un demi-milliard d'années plus tard, s'est dessinée dans ses alentours une planète au destin à nos yeux fantastique : la Terre. Il faudra attendre un autre demi-milliard d'années pour voir émaner les ébauches des matériaux de la vie — nucléotides, acides aminés — fabriqués dans la soupe primordiale, bouillante de gaz, d'eau et de sol, et bombardée de rayons solaires, visibles, ultra-violets et gamma. Toutefois, une théorie alternative, soutenue par nombre de scientifiques, est que ces macromolécules seraient venues de l'Espace, amenées par les météorites qui bombardaient la surface de la Terre à ses origines. '*Star dust*' (Poussière des étoiles) : tirerions-nous notre origine de la poussière des étoiles ? Quoi qu'il en ait été, ces ébauches se sont regroupées aux hasards des rencontres ; elles ont formé des molécules, puis des macromolécules (ARN ou ADN) capables de se reproduire en se joignant à d'autres macromolécules (protéines) qui servent à alimenter et à préserver cette capacité. Ainsi est née la première forme de vie : la cellule primitive.

De l'agrégation des cellules, de leur différentiation structurelle et fonctionnelle sous le crible du milieu a germé toute l'arborescence de la vie terrestre. Cela a pris 4 milliards d'années. Microbes, plantes, insectes, poissons, oiseaux, animaux, nous sommes tous faits des mêmes macromolécules, des mêmes matériaux de la vie : ADN, ARN, protéines, lipides, sels et métaux. Il y a eu des divagations, des ratés, des purges et des hécatombes ; mais la vie, une fois née, s'est toujours arrangée pour contourner de quelques façons les pièges de la mort que lui tend l'environnement, à réussir les tests de survie auxquels il la soumet constamment. Et quelque part, dans ce chassé-croisé multimillénaire, à travers les influences réciproques entre les génomes et les milieux, parmi les espèces qui parcouraient, apparaissaient et disparaissaient dans la basse-cour, l'Homme moderne, *Homo sapiens sapiens*, a émergé. Il y a environ 130-200 mille ans que cette petite bête à la tête grosse, à l'échine droite, bipède perchée sur deux pattes, a débuté sa glorieuse épopée et, après avoir triomphé de tous ses colocataires hominiens, colonise la Terre et tente de la soumettre.

Pourtant elle n'a existé que le 1,4 cent millième du temps de l'Univers qui l'englobe, que 4,4 cent millième de celui de la planète qui la transporte.

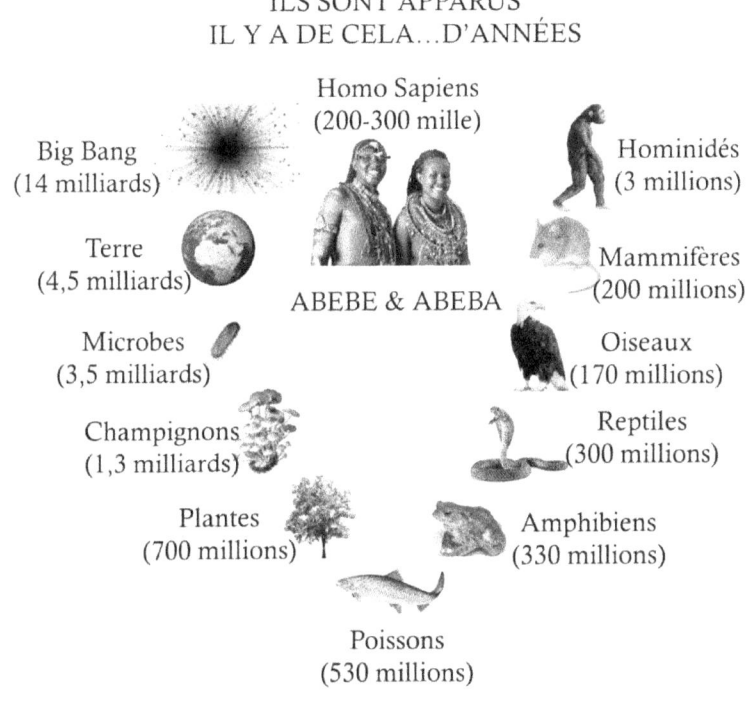

ILS SONT APPARUS
IL Y A DE CELA...D'ANNÉES

Homo Sapiens (200-300 mille)

Big Bang (14 milliards)

Hominidés (3 millions)

Terre (4,5 milliards)

ABEBE & ABEBA

Mammifères (200 millions)

Microbes (3,5 milliards)

Oiseaux (170 millions)

Champignons (1,3 milliards)

Reptiles (300 millions)

Plantes (700 millions)

Amphibiens (330 millions)

Poissons (530 millions)

Figure III.1. *Nous sommes si 'récents'*

Que des chiffres ! Des chiffres fondés sur des observations, des mesures et des théories scientifiques dans les règles de l'art, avec leurs limites d'incertitude ! Des chiffres de temps qui dépassent l'entendement ! Pour les rendre quelque peu saisissables, tentons une analogie : si l'Univers avait une semaine d'existence (pour reprendre l'intervalle de temps que, selon la mythologie judéochrétienne, Dieu aurait prise pour réaliser son œuvre de création), le Soleil et la Terre auraient 2 jours et 6 heures ; l'être humain aurait 8,6 secondes de vie seulement. À l'échelle du temps universel, nous ne sommes que de simples zygotes.

La phylogénie est la filiation des espèces dans l'Arbre de la Vie. Cette filiation est basée sur les similitudes et les différences dans les séquences d'ADN des gènes homologues (portant une information similaire). Les espèces apparentées partagent plus de similitudes. Dans le cas de l'Homme, le chimpanzé est son plus proche parent. Les deux appartiennent au groupe des 'Homoniniens', selon les taxonomistes. Leurs gènes sont à 99% semblables. Il a donc suffi d'1% de différence dans leurs gènes pour qu'ils forment deux espèces distinctes. Toutefois, tout parents que nous soyons, le chimpanzé et nous sommes apparus dans des lignées séparées d'un ancêtre-primate, CHLCA,[5] qui aurait existé il y a 4 à 14 millions d'années. Les deux lignées ont engendré des sous-lignées ; la nôtre, celles des Hominiens en a aussi généré dont l'*Homo habilis* il y a 1 à 3 million d'années,

---

[5] *Chimpazee-Human Last Common Ancestor* (Commun ancêtre du chimpanzé et de l'Homme).

l'*Homo erectus* il y a 1 à 2 million d'années et l'*Homo Neandertalensis* il y a 100-200 mille ans. Ce dernier aurait été un contemporain d'*Homo sapiens* et se serait accouplé avec lui avec succès en Europe et en Asie, mais pas en Afrique, comme l'indique le récent séquençage du génome néandertalien.

Le point de cette récapitulation est que nous, comme *Homo sapiens*, nous nous situons dans une longue, très longue histoire de la matière et de la vie, et que, depuis son apparition, celle-ci a laissé des traces de ses ambitions et de ses errances dans le temps et sur la Planète : l'ADN et ses variations.

III.2. Ces Africains que nous sommes tous

Tout ce qui existe, même l'inerte apparent, est vie. Toute vie est faite de diverses motions : motions internes, motions dans son milieu ou avec lui. Pour la vie monocellulaire ou multicellulaire, les contingences de l'écologie — le climat, les mouvements tectoniques, hydrauliques, éoliens — motivent ces motions ou y contribuent. Les distances parcourues varient selon les espèces et leurs degrés d'autonomie et de mobilité. Les espèces qui volent, nagent ou marchent y sont les plus aptes. Nos ancêtres bipèdes, ces braves Homininiens ou Hominiens, s'y sont livrés avec résolution : ils ont parcouru des forêts, des savanes, des steppes et des toundras ; ils ont traversé des lacs, des rivières, des fleuves et des océans ; ils ont escaladé des montagnes ; ils ont dévalé des canyons ; ils ont confronté les vents et les bourrasques, les pluies et les orages, la chaleur et le froid ; ils ont peuplé la Terre.

Les raisons de toutes les migrations depuis les origines de la vie jusqu'à nos jours sont les mêmes : les besoins de la survie. Ces besoins se résument en trois impératifs : la poursuite de la proie, la fuite du prédateur et la soif de procréation. C'est sur ces trois points que la Sélection naturelle a toujours interrogé les espèces, dans le passé comme aujourd'hui. Ce jeu de la proie et du prédateur se joue dans le milieu au sens large du terme ; ce milieu inclut les airs, les eaux, les terres et ceux qui les habitent. Il se joue aussi aux dépens d'autres vies. Car, habituellement, la vie se nourrit de la vie, par prédation, mais aussi par parasitisme, commensalisme ou mutualisme. Les deux premiers impératifs ont pour finalité le dernier : vaincre les effacements de la mort, se projeter dans le temps, se perpétuer dans la durée. C'est par ce suprême impératif que le succès biologique se mesure, car la défaite devant lui se traduit par la disparition de l'espèce. Au cours des éons, beaucoup d'espèces 's'y sont cassé la gueule' et sont disparues.

Toutefois, notre point de vue, disons-le dès à présent, est que, contrairement à l'image retenue du vocable, *la Sélection naturelle n'est pas une lutte à outrance, sans répit et sans quartier ; elle est plutôt un jeu d'équilibres bioécolo-*

giques qui tend à favoriser la survie de toutes les espèces, parfois au prix du 'sacrifice' de quelques individus au sein de chaque espèce. Les individus peuvent périr pourvu que les espèces perdurent. De l'existence continue de la proie dépend celle du prédateur. *Dans l'exercice de la Sélection naturelle et la compétition entre les espèces, la violence est souvent nécessaire, mais elle n'est jamais gratuite.* L'espèce est l'ultime référence de la Sélection, non l'individu.

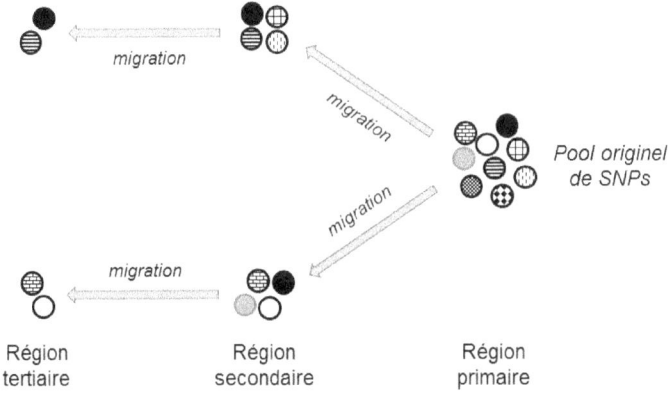

Figure III.2. *Migrations et partitions des SNPs*

Le génome permet-il de retracer les migrations de l'*Homo sapiens* depuis son émergence ? Oui : en déterminant la distribution des variations génétiques, les SNPs en particulier, dans différents lieux géographiques. Les prémices de cette affirmation sont : (i) *Homo sapiens* a émergé dans une région donnée de la planète ; (ii) il y a vécu plusieurs millénaires, le temps de se multiplier et d'accumuler un vaste éventail de variations dans son génome ; (iii) les vagues migratoires d'une région primaire vers une secondaire, de la secondaire vers une tertiaire, etc., se déroulaient durant des époques circonscrites et emportaient chaque fois une fraction successivement amoindrie de la population originelle et, par conséquent, une fraction amoindrie de l'éventail originel de variations génétiques (voir la figure III.2 ci-dessus).

Les génomes des Aborigènes des différents territoires de la planète ont été séquencés. Le terme 'aborigène' vient du latin *ab origines* et se traduit 'dès les origines'. Il identifie les peuples premiers établis depuis des millénaires dans un territoire et préservés des mixages génétiques avec d'autres peuples plus lointains. Leur pool génétique est plus représentatif des anciennes migrations qui ont réparti les SNPs de l'Humanité. Des SNPs y ont été dévoilés. En fait dans ce genre d'étude, on ne parle pas de SNPs individuels mais d'agrégats de SNPs qui s'héritent en blocs (haplogroupes) et définissent mieux les populations. Plusieurs SNPs sont communs à tous les peuples, certains peu fréquents dans certains peuples ; quelques-uns absents dans d'autres peuples ; *mais tous les SNPs sont présents en Afrique subsaharienne.* Dans la logique de la répartition de ces variations génétiques par les flux migratoires, l'Afrique serait le territoire originel de ces migrations. Selon la génétique donc, l'Afrique est le berceau de l'Humanité. *Nous les humains, femmes et hommes, sommes tous des Afro-descendants* [Fairbanks, 2015].

Des évidences connexes appuient largement cette conclusion. Les plus vieux fossiles d'*Homo sapiens* datent d'il y a 195 000 ans ; ils ont été découverts en Éthiopie. Dans les autres territoires du monde, ils apparaissent bien plus tard : il y a 100 000 au Moyen-Orient, 50 000 ans en Chine et 40 000 ans en Europe et 30 000 ans en Amérique. Des approximations, il est vrai, mais pas des spéculations, basées qu'elles sont sur des critères scientifiques les plus rigoureux tels l'anatomie des fossiles, leur datage aux isotopes atomiques, les strates géologiques où ils ont été préservés, les outils, les restes d'animaux, et les ébauches artistiques trouvés à proximité.

Si tel est le cas, pourquoi donc la thèse monocentriste de l'origine de l'Humanité, thèse dite 'Out of Africa' ou OoA, a-t-elle des sceptiques et même des opposants ? Il y a, d'une part, les pluricentristes qui soutiennent qu'*Homo sapiens* aurait émergé dans de multiples territoires du globe à partir d'ancêtres hominiens communs à tous les territoires ou uniques à chaque territoire. Ils citent pour exemple qu'il n'existe pas de fossiles de l'Homme de Neandertal en Afrique, mais bien en Asie et en Europe. Il y a, d'autre part, les partisans du juste milieu entre les thèses monocentriste et pluricentriste, qui concèdent qu'un 'pré-*Homo sapiens*' aurait émergé en Afrique, qu'il aurait voyagé vers l'Asie et l'Europe, y aurait rencontré d'autres hominiens qui l'y avaient précédé, se serait accouplé allègrement avec eux, engendrant, au cours des siècles, de vrais *Homo sapiens*, les ancêtres des peuples qui habitent maintenant ces territoires. Ils citent pour preuve le séquençage récent du génome fossilisé de l'Homme de Neandertal qui a démontré que cet hominien partage de menues fractions génomiques avec les Asiatiques et les Européens, mais pas avec les Africains.

À défaut de reproduire l'Évolution de l'Homme par une expérience à petite échelle, toute thèse raisonnable a droit au forum. Toutefois, ces thèses alternatives qui remettent en question celle de l'OoA enfreignent une règle capitale en science : celle de la simplicité. Si toutes les évidences accumulées la soutiennent, la thèse la plus simple est probablement la bonne. La parcimonie, nous l'avons déjà dit, est un principe de la Nature (que la science explore). Il n'est nul besoin d'invoquer des modèles alambiqués quand un modèle simple et direct vient à l'esprit. On peut se demander si les biologistes qui s'acharnent à démonter la thèse OoA ne le font pas par inconfort intérieur, conscient ou inconscient, à l'idée qu'ils sont, dans leur humanité profonde, des Afro-descendants. Le questionnement scientifique est souvent empreint de souhaits inavoués et de désirs anticipatoires que la culture ambiante impose aux esprits. Oui, c'est parfois de bien mauvais gré ou de cœur fendu que le scientifique concède au poids des évidences objectives.

III.3. Abebe et Abeba : le couple séminal

Les évidences en faveur de la thèse OoA viennent aussi de l'origine géographique du premier homme et de la première femme. Puisqu'ils sont apparus en Éthiopie, nous les baptiserons respectivement des noms éthiopiens Abebe et Abeba. Tous les deux signifient *'fleurs'*. À nos yeux, ils symbolisent le pollen et le stigmate originels, premières semences du vaste jardin humain. Leur origine a été établie par les méthodes génétiques de dernier cri. Souvenez-vous de nos propos antérieurs sur les chromosomes, du chromosome Y qui commande la masculinité. Il n'est porté que par les hommes et n'est transmis que de père en fils. S'il est donc possible de trouver des variations génétiques sur ce chromosome, en appliquant *le principe de la plus grande diversité du premier apparu* tel qu'illustré dans la figure III.2, il devrait être possible de retracer le territoire géographique qu'a habité le premier homme. Cela n'a pas été de toute facilité. D'abord, le chromosome Y est particulier ; il est parmi les 4 plus courts (20-22, Y), et de moitié plus court que le chromosome X. De ce quarto, il compte le plus petit nombre de gènes, dont le SRY qui, exprimé, convertit le fœtus de femelle à mâle. La majeure partie de son ADN est fait de

séquences répétitives, sans grande diversité informationnelle, comme s'il ne faisait qu'accompagner et porter les
quelques rares gènes. Cette pauvreté a été longtemps un
sujet de bonne rigolade pour des scientifiques femmes et
féministes, qui ne pouvaient s'empêcher de tourner en
dérision ce minable petit bout d'organelle, la cause masculine de tant de dégâts dans l'Histoire.

Ici je me permets une petite digression. De novembre 1993 à octobre 1994, j'étais chercheur en sabbatique dans le laboratoire de Dre Elizabeth M. Simpson,
au Jackson Laboratory, à Bar Harbor, au Maine. J'y suis
allé pour mener une recherche sur une enzyme respon-
sable de la fertilité masculine. Simpson était l'une des
rares chercheurs au monde à s'efforcer d'élucider les
maigres informations que cachaient le chromosome Y.
Sur la porte de son bureau, était affiché un poster portant
une reproduction du chromosome. Le long de celui-ci,
étaient identifiés ses gènes putatifs dont, l'amour des
gadgets, la suffisance, l'amour des sports et des films vio-
lents, des araignées et des serpents, la lecture dans les toi-
lettes, l'inattention sélective, l'avarice affective et
l'amnésie des dates : un sujet de bonne récréation aux
frais du seul mâle de l'équipe que j'étais.

Revenons à nos moutons. À force de ténacité, les
chercheurs ont fini par caractériser une cinquantaine de
gènes sur le chromosome Y (comparativement, le chromosome X en contient environ 800). Cela a permis de

répertorier une variété de SNPs dans les populations du monde. Encore une fois, tous les SNPs du chromosome Y se retrouvaient en Afrique, alors que des fractions variables de ce pool africain étaient parsemées sur les autres continents. Selon cette lecture du chromosome Y humain, *Abebe, le Père de l'Humanité était bel et bien un Africain.*

Que dire d'Abeba ? Elle aussi a laissé sa trace dans la généalogie des femmes. Elle avait son ADN unique qu'elle a transmis à sa fille et ses plusieurs-fois-arrières-petites-filles à travers les générations. Vous l'avez deviné : il s'agit de l'*ADN mitochondrial (ADNmt)*. Il est court ; il est circulaire comme celui d'une bactérie ; il ne contient que 37 gènes qui servent de maquettes pour la fabrication des protéines-ouvrières de la fournaise, nécessaires à la production de l'ATP, cette énergie chimique qui alimente les opérations de la cellule. L'ADNmt est porté par la mitochondrie, une petite organelle, qui vient en multiples copies dispersées à travers la cellule. Les hommes et les femmes portent tous des mitochondries dans leurs cellules ; ils les ont héritées de leurs mères. Même leurs gamètes — l'ovule (l'œuf) et le spermatozoïde (le sperme) — les portent. Quand, après copulation, marathonien battant de sa petite queue (le flagelle), le sperme victorieux rencontre l'œuf et qu'il le pénètre, il ne lui donne que son ADN génomique contenu dans sa grosse tête (l'acrosome), laissant tout le reste au-dehors. L'œuf fécondé, le zygote, né de cette fertilisation, n'aura donc comme source d'énergie pour alimenter son développement que les mitochondries de la mère. À ce titre — et ce n'est pas une métaphore — la mère porte la vie et la nourrit, à ses premières minutes et bien au-delà.

Les mitochondries que nous portons tous proviennent d'une seule femme-ancêtre. Au cours des millénaires, le génome mitochondrial de cette femme a connu des variations de séquence de son ADN. Il s'est ainsi créé, chez les humains, une mosaïque d'organelles à génomes variables, certains plus populeux que d'autres. L'ADNmt des populations d'origines géographiques différentes a été séquencé pour répertorier ces variations. L'ADNmt des Africains les contient tous ; celui des peuples plus lointains en contient des fractions de compositions propres. Logique oblige : *Abeba, la Mère de l'Humanité, a été une Africaine.*

D'accord ! Admettons : Abebe et Abeba ont éclos en Afrique. Ce continent a été le premier territoire du peuplement et de la colonisation de la Terre. Quelle importance ? Aucune. Le premier homme et la première femme auraient pu éclore n'importe où ailleurs si les conditions y étaient propices, si les altérations d'un génome hominien sous les amorces du milieu avaient permis le saut à la conscience ; au Moyen-Orient par exemple, dans le Jardin d'Éden, comme le pensent à la lettre certains croyants du mythe biblique ; ils auraient pu se nommer Adam et Ève. Cela n'aurait aucune importance. L'important dans les résultats de cette recherche, c'est qu'ils démontrent que nous sommes tous des descendants d'un couple séminal, que nous sommes tous frères et sœurs, malgré nos différences.

Des différences parmi nous, nous en dénombrons plusieurs et à vue d'œil : dans la couleur de l'épiderme, la texture des poils, l'ouverture des yeux, la fermeture du nez, l'épaisseur des lèvres, etc. Comment ces différences sont-elles apparues dans la famille ? La géographie, comme nous le verrons, offre quelques éléments de réponse. Ces différences sont-elles de fleur de peau ou plus profondes que les apparences ? Peuvent-elles servir de critères à une sous-classification consistante de l'espèce humaine ? Touchent-elles la *nature humaine* de ces sous-classes ? Dans le discours de ses SNPs, que nous dit la génétique à ce sujet ?

III.4. Les signatures de la Sélection naturelle

L'environnement, nous l'avons dit, influence le génome et détermine son expression d'instant en instant, au jour le jour, à travers les ans, les siècles, les millénaires. À moyen terme, il ajuste le niveau d'expression des gènes par des marquages génétiques temporaires (épigénétiques) pour répondre aux besoins de vie de l'individu. À très long terme, il consolide les variations génétiques héréditaires qui favorisent la survie et la fécondité de l'espèce. La Sélection naturelle, cette créature de Darwin, agit sur ce long terme ; elle façonne les traits de l'espèce et les consolide. Mais pas toujours : il arrive parfois que l'isolement géographique ou culturel (volontaire ou imposé) d'un groupe plus ou moins restreint au sein de l'espèce, conduise à un brassage étroit de gènes et à un phénotype typique à ce groupe. On parle alors de dérive génétique, d'effet de goulot d'étranglement ou d'effet fondateur.

Ces généralisations théoriques cherchent à expliquer des interactions 'gène-environnement' survenues dans un passé plus ou moins long. Elles seraient plus probantes si elles pouvaient être soutenues par des évidences observationnelles, expérimentales et, pourquoi pas, génétiques. Des évidences génétiques, il en existe abondamment. Car, pour des populations de bonne dimension au sein desquelles des brassages génétiques s'opèrent librement, la Sélection naturelle a marqué de signatures de son action de nombreuses régions du génome. À notre ère du séquençage relativement facile et rapide des génomes, il est devenu possible de rechercher et de détecter de telles signatures. L'une des plus abordables de ces signatures se dénomme *balayage sélectif*.

Pour comprendre cette signature, faisons une brève marche-arrière. Souvenons-nous que chacun de nous est né de la fusion de deux moitiés de génome, la moitié de la mère et celle du père. Dans toutes les cellules somatiques, les demi-génomes, subdivisés en chromosomes, se font face par paires de chromosomes similaires (dits homologues) et collaborent au bien-être de l'organisme. Dans les cellules germinales, ce face à face des chromosomes prend fin quand elles se transforment en gamètes (œuf ou sperme) durant la méiose : elles entrecroisent alors les gènes des paires de chromosomes homologues, générant ainsi de nouvelles paires de chromosomes homologues habitées par des contenus variables des gènes paternels et maternels. Ces chromosomes mosaïques sont finalement distribués en demi-génomes dans les gamètes haploïdes.

Ce mixage du matériel génétique des chromosomes appariés s'appelle recombinaison homologue. Celle-ci survient plus facilement entre régions distantes le long des chromosomes, mais peu ou pas entre régions rapprochées. Ainsi, s'il existe dans ces régions des variations génétiques différentes entre les chromosomes maternel et paternel d'une paire, ces variations peuvent se retrouver sur un même chromosome après la méiose. Ce mixage entre régions distantes d'une paire de chromosome est totalement aléatoire. L'absence de recombinaisons entre de telles régions fera qu'une même série de variations se retrouvera sur des tronçons entiers de chromosomes homologues de génération en génération. Cela peut survenir quand *ces régions contiennent des gènes qui confèrent un avantage remarquable pour la survie et la fécondité* et ont été retenues presque intégralement par la Sélection naturelle. Cela est illustré par la figure III.4 ci-dessous.

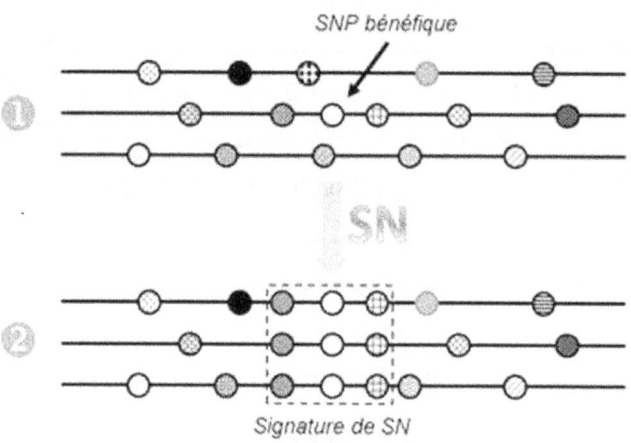

Figure III.4. *Le balayage sélectif*

Dans cet exemple, (1) supposons pour commencer qu'un gène se retrouve dans une population en trois différentes copies portant divers SNPs neutres (cercles remplis) qui ne confèrent ni avantage ni désavantage de survie ; supposons ensuite que survienne, à un point donné, un SNP qui confère un avantage (cercle vide), la Sélection naturelle (SN), agissant sur des générations, augmentera la présence de ce SNP bénéfique dans la population (2), *pas seulement de ce SNP, mais aussi des SNPs neutres avoisinants* (encadré). La SN signe son action par des balayages sélectifs de modules entiers du génome. De tels balayages, les généticiens en ont dénombré une multitude dans le génome humain.

La pigmentation de la peau d'un individu est le trait visible le plus immédiat. Elle est forte chez les populations des régions équatoriales où l'insolation est longue et ardente ; elle est faible dans les régions nordiques où l'insolation est courte et tiède, avec tous les gradients envisageables entre ces extrêmes. Par empirisme, il était raisonnable de penser que la pigmentation serait une adaptation au climat. Existe-t-il des signatures de la Sélection naturelle en cette matière ? La réponse est oui [Sturm et Duffy, 2012]. La mélanine est la molécule-clé dans la pigmentation de la peau, des cheveux et des yeux. Une quarantaine de gènes participent à sa production au sein de cellules spécialisées appelées mélanocytes. Parmi ces gènes, on compte *TYR*, *OCA2*, *SLC24A* ; le premier est impliqué dans la fabrication de la mélanine, les deux derniers, dans son transport au bon endroit dans la peau, les cheveux et les yeux. Des SNPs menant à des variantes de protéines ont été retrouvées dans ces gènes et un balayage sélectif dévoilé autour d'eux : ils ont donc été favorisés par la Sélection naturelle. Il est à noter que des SNPs dans le gène *TYR* ont fait l'objet de cette faveur dans les populations européennes (pas dans les populations africaines, qui n'en avaient pas besoin). Ces SNPs, et bien d'autres, ont sans doute contribué à répandre la pâleur de peau au sein de ces populations. On interprète cette pâleur épidermique comme un trait adaptatif.

En effet, la peau fabrique la vitamine D dont le corps a besoin pour, entre autres fonctions, raffermir les os. Sans cette vitamine, il y aurait risque de fragilité osseuse, de rachitisme et d'ostéoporose. La peau la fabrique sous la stimulation des rayons ultra-violets (UV) du soleil. La mélanine masque ces rayons. Dans les régions nordiques à faible insolation et peu de rayonnement UV, il y a donc risque d'insuffisance en vitamine D chez les individus à épiderme fortement mélanisé, risque aussi de déperdition aux époques archaïques où l'individu n'avait que ses jambes pour chasser sa proie et fuir son prédateur. Dans ces régions, à ces époques, la pâleur de la peau conférait un avantage de survie. Elle s'y est donc répandue aux cours des âges. Avec les migrations à large échelle des temps modernes, les individus à épiderme fortement mélanisé vivant dans les pays nordiques ont tendance à montrer une déficience chronique en vitamine D. Il leur est fortement recommandé d'enrichir leur diète de cette vitamine pour prévenir ou corriger la déficience.

Si les rayons UV sont utiles à la fabrication de la vitamine D, leur surabondance est susceptible de causer le cancer de la peau. Dans les régions très ensoleillées du globe, il y avait donc un avantage de survie à avoir une peau mélanisée, puisque ce pigment constitue une barrière efficace contre les rayons UV. Toutefois, pour être un facteur de sélection, la pigmentation devait permettre une survie augmentée à ceux qui en arboreraient davantage. Par ailleurs, ceux qui en affichaient moins devaient mourir en plus grand nombre avant l'âge de la reproduction, de sorte que les gènes de la pâleur se raréfiaient dans la population avec le passage du temps. Si telle a été le mécanisme, dans les régions torrides, le cancer de la peau devait tuer les individus peu mélanisés en bas âge. Une autre hypothèse est que les individus mélano-déficients étaient exclus de la reproduction de la bande ou de la tribu par bannissement ou immolation.

Permettons-nous un bémol sur ce sujet. Quand on en vient à contempler l'Évolution de l'Homme au cours de 200 millénaires avec les yeux du présent, rien n'est certain. On ne peut pas récapituler l'expérience de cette marche multimillénaire. On ne peut qu'observer les éléments du présent - fossiles, vestiges, nous - et essayer de les raccorder pour en dériver une vision et un sens, pour tenter d'expliquer notre émergence et notre cheminement. Les schèmes que nous élaborons et les concordances que nous établissons servent à nous rassurer sur la pertinence de notre vision. C'est dire que les balayages sélectifs des SNPs autour des gènes qui régulent la production de la mélanine confortent nos schèmes, mais ne prouvent pas grand-chose. Il en est de même des autres traits différentiels que l'on identifie entre les groupements humains, que ce soit la forme du nez, des yeux et des tempes, ou la texture des cheveux, ou encore l'épaisseur des lèvres. Ces traits sont héréditaires au sein de chaque groupement et, dans cette mesure, sont sûrement dirigés par les gènes et influencés par le milieu. Nous imaginons des explications logiques et plausibles sur l'origine de ces différences ; par une impulsion caractéristique de l'être humain, nous nous attelons à les classifier en choisissant les extrêmes et en ignorant les gradations. Nous nous permettons de les figer dans un vocable sans nuances, dans le mot 'race'.

III.5. L'illusion de la race

Qu'est-ce que une 'race' ? Une population de pigmentation épidermique similaire couplée à une morphologie faciale et une pilosité semblables ? D'origine ancestrale et territoriale commune ? Partageant un commun héritage culturel ? Que contient chaque 'race' ? Les Juifs constituent-ils une 'race' ? Et les Arabes alors ? Les Aïnous, les Batwa ou les Hottentots ? Et les Latinos et les Amérindiens ? Quel est le nombre de 'races' au sein de l'Humanité ? Trois, quatre, cinq, six ? Combien ?

La science, comme démarche objective, peut-elle répondre à la question ? La génétique, comme exploration des secrets de l'hérédité, peut-elle la renchérir ? Elle a essayé à coup sûr, avec tous ses moyens du bord. Et elle a conclu que, *dans le langage des gènes du moins, les 'races' humaines n'existent pas ; la 'race' est une illusion, si elle n'est pas une fausseté ou un mensonge.* Oui mais, dirions-nous, nous avons reconnu qu'il existe des différences physiques entre populations humaines ! La réponse est simple : ces différences sont si ténues, si menues et si diffuses qu'elles ne peuvent pas constituer la base d'une classification des êtres humains en 'races'. Consultons les évidences génétiques. Revenons aux variations, ces petits grains de couleurs variables parsemés dans notre génome, qui permettent de retracer nos pérégrinations. Acceptons que les 'races' existent et qu'elles proviennent d'une différenciation génétique. Dans ce cas, les variations retrouvées au sein des prétendues 'races', prises globalement, devraient être significativement différentes. Cela n'est pas le cas. *En fait, il y a plus de diversité au sein de chaque 'race' (80-85%) qu'entre elles (1-15%).* Cette surprenante observation rapportée en 1972 par le flamboyant généticien évolutionniste Richard Lewontin, alors à l'Université de Chicago [Lewontin, 1972], amenuisait la notion de 'race' à l'insignifiance. Lewontin avait étudié la diversité de groupes sanguins, des enzymes du sang, et des anticorps dans des populations d'origines éparses. De ses observations, il avait conclu :

> « La classification des êtres humains par race n'a aucune valeur sociale ; elle détruit activement les relations sociales et humaines. Puisqu'une telle classification n'a dorénavant aucune pertinence des points de vue géné-

tique et taxonomique, elle devrait être abandonnée. »
[Lewontin, 1972].

La découverte a été largement corroborée par le
survol ultérieur des SNPs génomiques au sein des populations. La publication de Lewontin a été claironnée par
les media, citée *ad nauseam* et récupérée par tous les mili-
tants 'anti-races'. « Enfin, la science a 'prouvé' que les
classifications 'raciales' sont sans fondements biologiques ! Haro à ceux qui s'y réfèrent encore ! Ils sont soit
naïfs, soit malicieux » clamaient-ils à tous vents.

Le débat était-il éteint pour autant ? Loin de là !
Certains ont accusé le scientifique d'avoir teinté son interprétation des données de son biais idéologique sociali-
sant et égalitariste, à un point marxisant. D'autres ont
timidement remis en question sa conclusion si radicale.
Mais la critique la plus cinglante a été formulée 30 ans
plus tard par Antony William Fairbanks Edwards, un
généticien de l'Université Cambridge (en Angleterre),
que nous avons eu l'occasion de voir et d'écouter durant
notre année sabbatique au Jackson Laboratory en 1994.
Ce grave aristocrate de lignage, au verbe autoritaire, n'y
est pas allé par quatre chemins : il a traité l'analyse de
Lewontin de superficielle et sa conclusion d'erronée, de
presque mensongère [Edwards, 2003]. Selon lui, le relevé
de variations gène par gène ne suffisait pas ; il fallait aussi tenir compte des corrélations (liens) entre ces variations. Ceci fait, il serait possible de classifier les individus

avec assurance au sein des groupes distincts, qui correspondent assez bien aux 'races' actuelles.

Pour le profane, ce débat de génies a de quoi désorienter ; il n'est pas rare en science. En effet, les mêmes données peuvent être vues différemment selon l'acuité et l'épaisseur de la loupe choisie, selon les postulats que l'on aura posés, et les outils statistiques que l'on aura utilisés. Bien souvent, ce débat ne porte pas sur la véracité des données, mais sur leur interprétation, sur l'emphase favorable placée sur certaines données au détriment des données divergentes ou contraires.

À notre regard, le génome ressemble à notre Terre : il est une aire variablement nivelée, parsemé de pentes, de vallons et de vallées, de bosquets, de collines et de montagnes, traversé par des rivières, des fleuves et des océans, mais sans frontières définies ou infranchissables. *Certes, la topologie génomique est en partie un reflet de la topologie territoriale, mais, pas plus que celle-ci, elle n'enferme pas les individus de notre espèce dans des classes et des 'races', car elle autorise les échanges et les mixages.* Comme la caméra satellitaire de Google Earth permet aujourd'hui de visualiser les aspérités terrestres, les méthodes modernes de séquençage des génomes et de traitement informatique d'immensités de données ont permis de dresser la topographie génomique dans ses plus fins détails.

La topographie génomique d'un individu au sein d'un groupe géographiquement et historiquement distinct, s'appelle ascendance (*ancestry*, en anglais). Elle trahit les diverses influences du milieu sur le pool génétique de ce groupe, ses pressions et ses sélections. Le dépistage des ascendances par les méthodes génétiques est devenu une industrie. Aux curieuses dilettantes, elle a révélé bien des surprises, des métissages inattendus qui invalident toutes les classifications conventionnelles en 'races'. Ce métissage génétique est d'autant plus accentué dans les territoires intermédiaires (ex., pays méditerranéens) ou de colonisation récente par des peuples divers (ex., les pays américains), à tel point que dans ces territoires, si l'on n'y est pas contraint, on est appelé à choisir de se placer dans une catégorie ou une autre, nonobstant les proclamations génétiques à l'absurdité.[6] Ainsi, l'ancien président des États-Unis, Barak Obama, est un exemple typique d'un métis Caucasien-Africain de première génération, qui a été contraint socialement et a choisi psychologiquement de se réclamer Africain.

La topologie génomique d'une population, nous le répétons, a été façonnée au cours du temps par les exigences de l'environnement, pour maximiser les chances de survie. Les collines et les montagnes de cette topolo-

---

[6] Le séquençage du génome de James Watson, l'un des deux concepteurs de la double hélice de l'ADN, a révélé qu'il est à 16% africain. Ironique pour un scientifique qui n'a pu se retenir de remettre en question l'intelligence des Afro-descendants (voir chap. IV).

gie (les variations génétiques les plus fréquentes dans une population) ont servi les besoins de cette population dans cet environnement ; cela, même si dans certains cas et sous certaines formes, ces variations peuvent être causes de morbidité individuelle. Par ailleurs, *quand l'environnement change, les vigueurs d'hier peuvent devenir des vulnérabilités d'aujourd'hui.* C'est dans ce cadrage qu'il faut interpréter la ségrégation de certaines maladies au sein de certaines populations de commune ascendance. Cette ségrégation ne disqualifie en rien le pool génomique de cette population. Une telle conclusion serait contraire à la biologie ; elle serait une perversion de la génétique.

Panu mpasangana pakola ;
masela ne bilunda mbisangana bimena.
(Nous avons trouvé ce monde tout fait;
les herbes et les buissons nous y ont précédés.)

CHAPITRE IV

La perversion de la génétique

IV.1. Les dérives de l'eugénisme

Notre métier est la génétique expérimentale : nous enlevons ou nous ajoutons des gènes aux cellules et aux organismes ; nous nous interrogeons ensuite sur les conséquences de la manipulation. Notre organisme favori est la souris : elle récapitule assez bien les fonctions et la trajectoire biologiques de l'Homme, mais en plus petit et en moins de temps : après 3 semaines de gestation, la souris naît ; elle devient adolescente à 3 semaines, sexuellement mature à 6 semaines, vieille à 12 mois et vieille de la vieille à 24 mois. Un phénomène curieux est observé chez la souris femelle enceinte : pour qu'elle puisse compléter sa gestation, il lui faut, dans la cage, la souris mâle qui l'a enceintée ; substituez cette souris pour une autre, et la souris gestante avorte sa portée (et parfois même, dévore ses avortons), et se laisse féconder trois jours après par le nouveau mâle. La femelle interprète la substitution comme une victoire de la seconde souris mâle sur la première ; son comportement est motivé par un désir instinctif de passer à sa descendance les bons gènes de la souris conquérante.

Ce comportement discriminatoire est une forme instinctive d'eugénisme (du grec '*eu*' pour bien ou bon, et '*genos*' pour naissance ou ascendance). L'être humain le pratique, consciemment ou inconsciemment, en personne ou par famille interposée, dans le choix du partenaire du sexe opposé avec lequel il espère engendrer une progéniture en bonne santé qui perpétuera ses gènes. Cette perpétuation a plus de chance de réussir si le milieu s'y prête, s'il y a abondance de conditions favorables à la survie : la facilité d'accès à la nourriture et le statut social (qui confère et assure cette facilité) ; d'où la considération accordée à ces conditions dans toute entreprise matrimoniale, cela dans toutes les sociétés.

L'eugénisme instinctif a connu une dérive fatidique quand la société humaine a voulu utiliser le statut social pour influencer le flux des gènes, ou plutôt pour empêcher leur libre flux ; quand il est devenu institutionnel. La société concernée était l'oligarchie de naissance et de pouvoir. L'eugénisme institutionnel a voulu rendre héréditaires les privilèges. L'effort remonte aux débuts de l'Histoire. Les pharaons égyptiens se mariaient à leurs sœurs pour préserver la pureté de leur sang. Les Spartiates grecs immolaient les enfants physiquement imparfaits pour assurer la vigueur martiale de leur société. Les

Brahmanes indiens ne devaient prendre conjointe qu'au sein de leur caste au sommet des *'réincarnés'*.

Dans le monde occidental, c'est dans la Théorie de l'Évolution de Darwin que l'eugénisme a trouvé une justification scientifique. C'est d'ailleurs au cousin de Darwin, Francis Galton (1822–1911), que l'on doit le terme. Génie multi-talentueux, ce dernier a développé diverses méthodes statistiques pour évaluer l'héritabilité des traits biologiques. À la suite de ses études sur les jumeaux et les pedigrees [Galton, 1869], il s'est convaincu que les talents et les déficiences étaient héréditaires et que, plutôt que d'attendre les effets lents et tardifs de la Sélection naturelle des individus les plus aptes, il était de la responsabilité de la société d'accélérer l'amélioration de l'espèce humaine en encourageant la reproduction entre gens doués et en décourageant celle entre ceux qui ne l'étaient pas. Sa recherche et l'interprétation de ses résultats ont été récupérées par les sociologues pour expliquer les inégalités économiques et justifier les injustices sociales, la soumission du genre féminin et la domination des peuples étrangers. Elles ont servi de tremplin pour les politiques d'épuration ethnique à grande échelle qui ont jalonné le siècle dernier.

Formulée sans faux-fuyants, la théorie eugéniste avançait ce qui suit : « Toute puissance individuelle ou collective, soit-elle intellectuelle, économique ou militaire, résulte de la Sélection naturelle agissant sur les gènes tapis dans les cellules et transmis par les gamètes. Le statut social est un produit de l'hérédité ; il est inscrit dans les gènes ; il est futile de tenter de le modifier. Les aristos entre eux engendreront toujours des aristos ; les roturiers, des roturiers. Mélangés aux gènes de roturier, les gènes d'aristo dégénèrent invariablement. Cela contrarie la Nature, lui rend la tâche plus difficile. Il nous revient (à nous les aristos) de la lui faciliter en promouvant notre reproduction et en freinant celle des roturiers au strict minimum, dans la juste mesure de nos besoins de main-d'œuvre. C'est la science qui l'enseigne ; c'est la génétique qui l'ordonne. »

Cela me rappelle une conversation que j'ai eue un jour dans ma maison avec un jeune missionnaire mormon qui, en toute innocence, essayait de me persuader, moi, un Africain, que c'était la volonté de Dieu, inscrite dans la Bible que l'Africain, le prétendu descendant d'un certain Cham, qui aurait ri de la nudité de son père Noé, fût à tout jamais le serviteur de son frère caucasien. Pour les adeptes du 'biologisme', la nouvelle religion, Dieu s'appelle désormais Nature ; elle distribue ses bénédictions et ses malédictions selon sa volonté. Dans les mots de Pilate, elle dit : 'Quod scripsi, scripsi' (Ce qui j'ai écrit est écrit)[7]. Où ? Dans le génome bien sûr, la nouvelle bible. Comme dans l'ancienne, chacun y lit ce qu'il veut croire.

---

[7] Nouveau Testament, Jean 19 :22-22.

Dans la littérature de langue française, le chantre le plus élégant de cet échelonnage naturel est sans conteste le Comte Joseph Arthur de Gobineau (1816-1888), diplomate et écrivain français, dont l'ouvrage intitulé *'Essai sur l'inégalité des races humaines'* [De Gobineau, 1855], ne manque pas de charme tant par la vaste panoplie de ses exemples, la vigueur de son argument et la limpidité de son écriture. Comme illustration des conséquences de la pollution du pool génétique, De Gobineau fait référence au sous-développement de l'Amérique latine, où les Caucasiens se sont entrecroisés avec les Africains et les Amérindiens, comparé au développement de l'Amérique du Nord où les Caucasiens ont découragé ce mixage de gènes, par la loi, la foi et le fouet.

Le dernier grand héraut de l'eugénisme est le physicien américain William Shockley (1910-1989), inventeur du transistor, père de l'âge électronique et Prix Nobel de physique de 1956. Il a usé de la renommée lui conférée par le Prix pour couvrir ses préjugés sur les groupes humains de l'autorité scientifique. Il a sonné l'alarme sur la plus grande fécondité des 'imbéciles, blancs et noirs', qui, à la longue, finirait par réduire les capacités intellectuelles de l'Amérique toute entière. Il a postulé que cette dégénérescence serait plus accélérée chez les 'Noirs' du fait que ces derniers sont globalement moins intelligents que les 'Blancs'. Se défendant de toute motivation raciste et malveillante, il a écrit :

« Je crois en âme et conscience que mes efforts visant à démontrer que les insuffisances du Noir américain sont principalement héréditaires, sont susceptibles d'atténuer son agonie dans le futur. »

Il a proposé que les déficients intellectuels se fassent stériliser contre payement (1000 USD pour chaque 1% de QI inférieur à la moyenne de 100) ; il a donné son sperme à une banque *ad hoc* pour contribuer à l'amélioration de l'espèce humaine. Malheureusement pour lui, il a parlé hors époque : les gens de son temps ne lui ont pas prêté leur oreille ; ils ont jeté sur lui et sur ses thèses un regard plutôt infamant [Shurkin, 2006].

À ce propos, il nous faut accorder la présomption de bonne foi à ces aristocrates de condition et de pensée, les Galton, les Gobineau et les Shockley. Ils pouvaient ne pas avoir été malicieux d'intention. Peut-être que de leurs positions dans la vie, ils ont observé la vie autour d'eux et ont tenté de la comprendre, de l'expliquer au mieux et avec témérité en usant (et parfois, inconsciemment, en abusant) des théories scientifiques de l'heure. Pour leur malheur, en science, contrairement à l'adage populaire, l'exception infirme toujours la règle. Elle ouvre une brèche dans la règle ; elle appelle à la remise en question. Et des exceptions aux classifications et échelonnements au sein de l'espèce humaine ne sont pas à rechercher : il y en existe une pléthore à vue d'œil et à portée de la main.

Quelles qu'aient été les motivations des prophètes de l'eugénisme, la conversion de leur théorie en idéologie à paternité scientifique a désensibilisé les consciences des bien-pensants devant les rejets, les misères, les meurtrissures et les meurtres soufferts par d'autres êtres humains. Elle a nourri l'ambition conquérante des peuples et des pays. Elle a légitimé les cruautés de l'esclavagisme, les violences de la colonisation, l'appropriation brutale des ressources du monde, le génocide sanguinolent des Hereros et des Namas d'Afrique australe (1904-1907), bien avant celui plus *'aseptisé'* des Juifs d'Europe (1939-1945). La loi sauvage du plus fort, qui a toujours régi les rapports entre individus ou groupes, s'est muée en noble mission prédestinée, mission autorisée et commandée par les gènes, ces gènes qu'il faut soigner par des *'élevages'* de progénitures à sang pur. Cette 'hygiène raciale', Rome antique de Marcus Aurelius (121-180) y avait pensé. L'Allemagne d'Adolf Hitler (1889-1945) l'a secrètement tentée par le *Projet Lebens Born* (Fontaine de la vie) avec ses *'fermes dorées'* où des femmes aryennes se faisaient féconder par des officiers nazis pour produire des enfants supérieurs, futurs citoyens de la *'Deutschland über alles'* (L'Allemagne par-dessus tout). Cette litanie des dérives de l'eugénisme n'est pas une accusation ou une condamnation ; elle est un constat de 'l'ineffable' capacité de l'Homme de rationaliser ces choix les plus égoïstes et les plus cruels.

Dans sa forme moins agressive, l'eugénisme a usé du discours génétique pour multiplier les différenciations des types et des groupes et pour quantifier leur pertinence humaine par la mesure de leurs aptitudes physiques et leurs capacités intellectuelles. Au cours du dernier demi-siècle, le discours et le débat sur ce sujet se sont cristallisés autour des différences intellectuelles entre les Afro-descendants et les Euro-descendants.

IV.2. Ce QI qui obsède

En plus de la marche constante sur deux pieds (bipédie), le volume crânien de l'Homme est l'autre trait physique marquant qui le distingue de son cousin le chimpanzé. Il a trois fois la capacité de celui du singe (en moyenne 1400 cm^3 (marge : 1100 à 1700) contre 387 cm^3 (marge : 325 à 500). Il contient un cerveau plus gros et plus sinueux. Les anthropologues et les psychologues ont attribué à cet organe les performances qu'ils croient typiquement humaines : la capacité de penser et de se penser, de concevoir et de construire des outils de plus en plus complexes, d'anticiper et d'entrevoir son futur. Ils ont supposé qu'il y aurait une corrélation directe entre la capacité de la boîte crânienne et la capacité intellectuelle. Ils ont comparé la capacité crânienne moyenne des groupes humains ; ils en ont inféré leur capacité intellectuelle moyenne.

Les praticiens de cette craniométrie ont ciblé de préférence les femmes et les Afro-descendants, par comparaison avec les hommes caucasiens : face à ceux-ci, les femmes auraient une capacité 10% moindre et les Afro-descendants 6% moindre. Ils ont conclu à l'infériorité intellectuelle des femmes jusqu'à ce que moult évidences les contredisent ou que les tabous sociétaux (imposés par la montée du féminisme militant) le leur interdisent. Quant à celles des Afro-descendants, malgré les pudeurs ambiantes de la rectitude politique, elle est toujours sujette à débat.

Dans ce débat, l'ouvrage du psychologue canadien J. Philippe Rushton (1943-2012) de l'Université de Western Ontario, fait toujours école par sa compilation exhaustive et impassible des différences physiques et intellectuelles entre les trois principaux groupes de descendance qu'il dénomme Caucasoïde, Mongoloïde et Négroïde, et que, dans ce livre, nous identifierons selon leurs peuplements géographiques originels, sous les appellations d'Euro-, Asiatico-et Afro-descendants, respectivement [Rushton, 1997]. L'auteur reconnaît que ces différences concernent les moyennes de chaque paramètre, qu'il existe, pour chaque paramètre, un étalage quantitatif sous forme de courbe en cloche (*The Bell Curve* ; Figure IV.2 ci-dessous), et qu'entre groupes, ces courbes se recoupent en grande partie, mais que la 'cloche' des Afro-descendants est décalée vers la gauche (vers des mesures inférieures) de celles des Euro- et Asiatico-descendants. En bref, il argumente que, comparés aux Euro- et Asiatico-descendants, les Afro-descendants atteignent une maturité physique plus précocement et sont plus corpulents ; par contre, ils sont plus portés au crime, à la promiscuité et à la désorganisation sociale, ont un crâne plus réduit et sont moins intelligents.

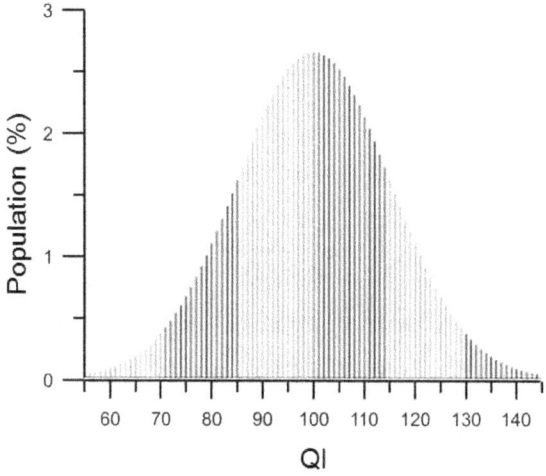

Figure IV.2 *La courbe en cloche*

Dans les propres mots de Rushton :

« La raison pour laquelle les Blancs et les Orientaux ont des hanches plus larges que les Noirs et par conséquent sont des coureurs moins performants, est qu'ils donnent naissance à des bébés à cerveaux plus grands. Durant l'Évolution, une augmentation des dimensions crâniennes exigeait que les femmes aient des pelvis plus larges. Qui plus est, les hormones qui confèrent aux Noirs un avantage dans les sports, sont les mêmes qui les rendent agités à l'école et enclins à la criminalité. » [Rushton, 1997] (Chap. 1).

Selon Rushton, les bénéfices d'un cerveau plus volumineux seraient légèrement plus prononcés chez les Asiatico-descendants que chez les Euro-descendants. Il soutient qu'au cours de l'Évolution de l'*Homo sapiens*, le climat froid et exigeant de l'Eurasie a favorisé l'émergence d'un cerveau plus capable de planifier et de garantir la survie de la progéniture ; cela au prix d'une certaine réduction de vigueur sexuelle, de maturation physique et d'agressivité. Par contre, jouissant d'un climat plus chaud et d'un milieu naturel plus propice à la survie dans les Tropiques préhistoriques, les Afro-ascendants n'auraient pas eu besoin des faveurs d'un cerveau aussi performant et n'en auraient donc pas bénéficié. L'acceptation par Rushton de l'influence du milieu n'est nullement pas une négation de sa part du rôle des gènes comme agents causatifs de ces différences. Dans les faits, selon l'auteur, certains de ces traits distinctifs sont clairement héréditaires.

Disons, en passant, que la recherche de ce professeur a été grassement financée par le *Pioneer Fund* de Wickliffe Preston Draper (1891-1971), un magnat du textile et un militant dévoué aux causes de l'eugénisme, de la ségrégation 'raciale' et de l'immigration sélective. *'Follow the money'* (Retrace l'argent), dit le dicton. Cette fameuse phrase vient du film 'All the President's Men' (Tous les hommes du Président) ; elle y est attribuée à *Deep Throat* (Gorge Profonde), l'obscur informateur dont les révélations ont déclenché le scandale du Watergate qui a mené à la chute de Président Richard Nixon en 1974. Oui, il est parfois difficile de dissocier le discours scientifique de ses sources de financement. Et, si l'on n'y prend garde, les modes, les idéologies, les pensées dominantes et les pouvoirs d'argent qui les soutiennent peuvent contaminer la question scientifique et sa réponse. Alliance ou connivence, les agences financent plus aisément les recherches qui répondent à leurs attentes idéologiques.

La scène était monté, et le mot-fétiche prononcé : génétique. Il n'y avait plus qu'à attendre que les biologistes identifient le ou les gènes de la maturation physique, de la vigueur sexuelle, de l'agressivité et, mieux encore, de l'intelligence. Certains parmi ceux-ci s'y acharnent déjà fiévreusement. Avec la puissance des nouveaux outils informatisés d'analyse globale en biologie moléculaire, les surnommés 'omiques' – la génomique, la transcriptomique, la protéomique ou la métabolomique – qui permettent d'examiner *tout en même temps*, et d'en dériver les corrélations, il n'est qu'une question de temps avant que quelques futés chercheurs ne nous proposent une perspective soi-disant génétique des potentialités de chaque individu ou groupe d'individus amalgamés sous un nom ou une épithète. Il faut dire que la tâche s'est avérée insurmontable jusqu'à ce jour, peut-être parce que la question a été mal posée ; peut-être parce que l'on reste figé à l'idée qu'il y aurait un gène pour chaque fonction biologique, alors que l'évidence démontre que le génome ne contient pas assez de gènes pour satisfaire un tel schème ; peut-être parce que la nature de l'Homme s'exprime en fait dans les incommensurables interactions des structures multidimensionnelles des produits de ses gènes. Entre-temps, on multiplie les tests de quotient d'intelligence (QI) ; on en débat les résultats et la pertinence à n'en point finir ; on s'accole des intentions désintéressées et on en prête de malicieuses aux protagonistes.

En termes simples — les miens —, l'intellect est *'une machine à penser'*. L'intelligence est le fonctionnement de l'intellect. Les produits de l'intellect sont les pensées, pensées abstraites et théoriques, pensées utiles et pratiques, pensées immédiates ou anticipatives. Les pensées sont l'expression de l'intelligence dans un milieu de vie. Comme pour tous les mécanismes sélectionnés par l'Évolution, la survie est l'ultime finalité de *'la machine'*. Où se case l'intellect ? Et sous quelle forme ? Dans la boîte crânienne sûrement, siège du cerveau, cette masse graisseuse traversée par des centaines de milliards de neurones variablement interconnectés de mille milliards de façons, liés par nerfs et neurotransmetteurs à toutes les parties du corps. Quel cerveau ? En effet, cerveau est trin : il y a le cerveau reptilien (le ganglion basal) qui commande nos instincts et réflexes de proie ou de prédateur ; il y a le cerveau limbique (qui comprend, entre autres, l'hypothalamus, les amygdales, l'hippocampe) qui dirige les fonctions autonomes comme la respiration et le battement du cœur ainsi que les émotions associées à la nutrition, à la reproduction et au parentage ; enfin, il y a le cerveau cognitif (le néocortex) qui constitue la véritable *'machine à pensées'* C'est ce dernier cerveau qui est particulièrement développé chez *Homo sapiens*, qui lui aurait permis d'envahir, de conquérir et de coloniser la planète et ses environs avec plus de succès que toute autre espèce. Ceci, selon les apparences, du point de vue de l'Homme, et pour un temps seulement : car certains microbes, bien plus envahissants, plus endurants et plus durables que l'Homme, *'contesteraient en silence'* cette prétention triomphaliste de l'espèce humaine

Peut-on mesurer l'intelligence de façon fiable ? Oui, prétendent certains. Peut-être, disent d'autres, mais une forme ou une autre d'intelligence seulement, mais jamais l'Intelligence, qui demeure une notion indéfinie. Non, proclament d'autres encore, parce que l'intelligence, dans son fonctionnement, est aussi mouvante que le milieu — matériel, psychologique et psychique — qui l'englobe. Par ailleurs, ajoutent les négationnistes, il faut garder à l'esprit que l'effort de mesure sera toujours teinté par le regard du mesureur, par sa culture, son cheminement et ses attentes, même s'il s'en défend. Cet effet de l'observateur sur l'observation est un concept souvent mentionné en physique.

Si, malgré ces réserves, l'on accepte la validité de la mesure, l'on doit aussi en accepter les résultats. Ces résultats indiquent que le score QI des Afro-descendants est constamment de 11 à 16% inférieur à celui des Euro-descendants. Cette différentielle s'explique-t-elle par une différence de gènes ou de milieux entre les deux ascendances ? C'est là que le bât blesse, que le choix devient un biais, et que la conclusion devient un arbitraire : car, dans l'un ou l'autre cas, les discours prétendument scientifiques des psychologues et des psychiatres se perdent en hypothèses qui se passent de tout effort d'ultime vérification. Les *'héréditaristes'* citent leurs données pour démontrer la constance intergénérationnelle de la différentielle en QI entre les 'races' ; invoquant leurs données à eux, les *'environnementalistes'* certifient que cette différentielle s'amenuise d'année en année, au fur et à mesure que s'égalisent les conditions de vie; ainsi qu'au fait que les jumeaux monozygotiques, séparés à la naissance et élevés dans des conditions différentes, en démontrent une.

Si l'on rejette la validité de la mesure et des résultats, toute discussion devient un exercice de sémantique, absurde et futile. On pourrait refuser d'y prendre part, en ignorant le sujet tout simplement. On laisserait alors le forum tout entier au discours des 'héréditaristes', discours qui risquerait de convaincre les esprits peu avertis de sa prétendue véracité. Nous avons choisi mieux pour cet essai : nous tenterons de réfuter la validité de la mesure et des résultats.

La controverse ne s'éteindra pas pour autant ; elle rebondira souvent, avec parfois des porte-étendards inattendus, d'illustres scientifiques comme Dr James Watson. Dans une entrevue donnée au journal Sunday Times de Londres en octobre 2007, ce père de la génétique moléculaire, jouant au visionnaire scientifique, déclarait :

> « Je suis profondément pessimiste en ce qui concerne l'avenir de l'Afrique, surtout que nos politiques sociales sont basées sur la notion selon laquelle l'intelligence (des Africains) est la même que la nôtre, quand tous les tests suggèrent le contraire. »

Watson n'est pas un quidam : en 1953, avec Francis Crick, il avait élucidé la structure de l'ADN. Pour beaucoup de gens - et moi aussi - ce lapsus traduisait les profondes convictions de l'homme, convictions fondées, non sur les faits scientifiques, mais sur son cheminement social de petit bourgeois intellectuel, drapées dans un faux discours aux apparences de détachement et d'objectivité scientifiques. Le monde a crié haro devant ces propos que d'aucuns croyaient d'un autre âge, du moins pour des esprits éclairés. Ces propos ont terni l'auréole du nobélisé ; ils lui ont coûté aussi son poste de directeur du Cold Spring Harbor Laboratory.

IV.3. Et si c'était vrai ?

La recherche sur le QI est, en vérité, une extrapolation tendancieuse et pernicieuse de la Théorie de l'Évolution de Darwin. Elle cherche à expliquer les inégalités sociales par la loi de la survie du plus fort ou du plus adapté. Elle dit, en principe, ce qui suit : (1) Les groupes qui occupent un statut subordonné dans la société des Hommes y sont parce qu'ils sont moins adaptés que les groupes dominants à survivre dans le monde moderne. (2) Parce que le triomphe de l'*Homo sapiens* lui vient en grande partie de son intelligence incarnée dans son cerveau, les groupes subordonnés seraient intellectuellement handicapés par rapport aux groupes dominants. (3) Parce que la subordination de ces groupes se perpétue sur plusieurs générations, la mauvaise qualité de leur génome en serait la cause ; elle serait héréditaire puisque génétique.

On aura beau ne rien savoir des gènes impliqués, ne rien comprendre des interactions entre les gènes et le milieu, ne rien saisir des dialogues intermoléculaires entre les produits des gènes, tant que cela sied à la théorie en vogue (dans ce cas, la Sélection naturelle), on va avec la théorie comme seul créneau de réflexion et de vision ; et, ce faisant, on se construit des visières pour ne rien voir d'autre. Les faits dans ce cas ne guident pas la théorie, mais la théorie guide les faits ou, du moins la perception qu'on s'en fait. C'est là une inversion de la démarche scientifique, une perversion de la science par l'idéologie. On prétend savoir et comprendre, quand il n'en est rien.

Le discours d'infériorisation génétique traitait particulièrement de la condition des Africains et des Afro-descendants, par comparaison à celle des peuples à épiderme moins mélanisé. Il est à supposer que cette différence de peau facilitait et justifiait la comparaison. Nous avons lu la forme abrégée du livre du professeur Rushton. Ce livre rassemble toutes les données anciennes et présentes en faveur de la thèse 'QI-iste' et répertorie les 'causes' et les 'effets' à l'origine des différences intellectuelles entre les Afro-descendants et les 'autres races'. Pour l'avoir lu sur une liseuse dans sa version électronique, nous pouvons identifier les chapitres, mais pas les pages, d'où nous avons tiré les extraits cités dans cet essai. Par ailleurs, dans notre traduction française de ces extraits, nous n'avons pris aucune liberté : nous nous sommes astreint à demeurer aussi fidèle que possible au texte et au sens de la version anglaise du livre. Nous reprendrons les points les plus saillants de son discours. À chacun de ces points, nous opposerons nos arguments.

A. Rushton écrit :

« Les premiers explorateurs de l'Afrique orientale (les Arabes) ont écrit à quel point ils étaient choqués par la nudité, le paganisme, et la pauvreté des indigènes. (...)

Plusieurs explorateurs européens…ont écrit que les Africains semblaient très peu intelligents, n'avaient que quelques mots pour exprimer des pensées complexes,…n'avaient ni roues pour fabriquer la poterie ou moudre le maïs ou pour le transport, ni bête de somme, ni écriture, ni monnaie, ni systèmes numériques. (…) Les conditions misérables des pays africains préoccupent d'aucuns (…) Partout en Afrique, on ne voit que négligence et décadence. (…) À l'âge des ordinateurs, des télécopieurs et de la Toile, il est difficile d'obtenir une tonalité (téléphonique) de plusieurs villes africaines. » (Chap. 1)

À cela nous répondons :

En fait, les Arabes et les Européens ont redécouvert l'Afrique subsaharienne entre le 12ème et le 15ème siècles au creux de son évolution. Ils l'ont rencontrée en sa période de grande vulnérabilité. Ils l'ont abordée pour commercer avec elle, commerce de biens et des hommes ; pour ensuite la saborder, la vider ou l'asservir par l'esclavagisme et le colonialisme. C'est faire preuve d'ignorance ou de malice que de juger les Africains dans le cours de l'Histoire humaine par leur situation durant les quatre derniers siècles. Pour peu que l'on connaisse l'Histoire, l'on sait que l'essor et le déclin sont le sort de toutes les civilisations, sort occasionné par l'environnement, les circonstances et les hommes. Pour la petite leçon, l'Afrique a connu ses périodes de gloire. Nous pensons au saut cosmique à la conscience vécu en Afrique de l'Est par les nommés Abebe et Abeba il y a

200 millénaires et qui, avec la maîtrise du feu et l'invention des outils de plus en plus utiles, a déclenché la plus fantastique des épopées de la vie sur Terre. Nous pensons à la grandeur trimillénaire de l'Égypte antique (de 2300 à 30 av. J.-C.) qui a érigé, en Afrique du Nord, des pyramides imposantes de majesté, Égypte dont la pensée religieuse a inspiré le judaïsme duquel sont dérivées les deux religions prosélytiques et tentaculaires que sont le Christianisme puis l'Islam. Dans ce contexte, je dois avouer que, pour trop longtemps et par fierté, je rechignais — comme beaucoup d'autres - à réclamer la civilisation égyptienne pour l'Afrique, ayant concédé son histoire à la majorité asiatico-européenne de sa présente population. Parlant de la place de l'Afrique dans l'Histoire, j'avais écrit dans mon essai intitulé '*Repères*' [Mbikay, 2013] :

> L'ethno-Afrique moderne revendique sa parenté avec l'Égypte ancienne ; mais l'Égypte moderne désaccentue cette filiation ou l'ignore, se prenant pour une enclave hors de l'espace continental. Cette situation paradoxale d'un peuple qui se réclame du passé d'un autre a-t-elle de précédent dans l'historiographie ? N'en déplaise au grand Cheik, cette fouille inlassable pour des continuités culturelles entre l'Égypte et l'Afrique au-delà du Sahara ressemble à une poursuite de gloriole par proximité. Car, entre cultures avoisinantes, il a toujours existé des rencontres et des partages, des prêts et des emprunts. Toutefois, chaque culture possède un cœur et une âme qui lui sont propres et dont elle se réclame sans insistance. L'Afrique pos-

sède ses Soundjata Keita, ses Nzinga Mbandi, ses Monomotapa et ses Shaka Zulu pour amplement remplir son Histoire ; elle n'a que faire des Akhnaton, des Toutankhamon, des Charlemagne ou des Napoléon

J'ai changé d'avis sur ce point, non seulement parce que j'ai lu plus attentivement les œuvres du savant sénégalais Cheikh Anta Diop (CAD) (1923-1986) sur la continuité culturelle de l'Afrique des temps antiques aux temps modernes, mais surtout parce je m'insurge contre la falsification assidue de cette continuité par une peinture de l'Égypte comme une enclave exceptionnelle hors de l'espace continental, contre l'usurpation de son passé africain au bénéfice d'un peuple mythique non-africain, une usurpation dénoncée par CAD [Diop, 1981]. En passant, pour les raisons exprimées dans les chapitres précédents, je reste néanmoins sur mes réserves quant à l'insistance obsessionnelle de ce savant sénégalais sur la classification des groupes humains selon leurs couleurs épidermiques plutôt que leurs origines territoriales préhistoriques.

Parcourons l'Histoire de l'Afrique : à l'ouest, rappelons les expansions territoriales sous Soundjata Keita (1190-1255), les splendeurs richissimes de l'empire du Mali sous Mansa Mussa, (c.1280-c.1337), les résistances héroïques de Samory Touré (1830-1900), et oui, Tombouctou, la perle du désert, cité moyenâgeuse vibrant de commerce, de savoir et de réflexion jusqu'au 16ème siècle ; au centre, citons le génie administratif des Mani

Kongo, des Mwat Yav et des Balopwe des royaumes Ne-Kongo, Kalunda et Baluba (1400-1889) ; au sud, les mystérieux Monomotapa de Zambèze nous révéleront peut-être un jour les secrets de leurs cités emmurées. Nous laissons au lecteur le loisir de fouiller le contenu de cette courte litanie. Dès lors, il se convaincra qu'en dépit des défis actuels qui les confrontent, les Africains et les Afro-descendants ont une Histoire, un passé long et continu, mémorable et admirable à divers égards, un passé qu'ils se doivent de découvrir et proclamer.

Certains observateurs de l'Afrique souffrent d'avoir à concéder au génie africain toute œuvre créatrice retrouvée sur le continent. Ils l'attribuent gratuitement à des étrangers imaginaires, terrestres ou extra-terrestres. Ici, comme partout ailleurs, l'explication la plus simple est la plus plausible : toute œuvre d'homme, sur ou sous un sol, provient des habitants du sol. N'en déplaise aux Afro-sceptiques invétérés.

Comme tout autre groupe humain, les Africains se sont efforcés d'expliquer leur place dans l'univers et de concevoir un destin pour leur éternité. La cosmogonie des Dogons inspirée par leur maîtrise de l'astronomie, ou celle des Baluba avec leur *Mikombo wa Kalowa*, le messie rédempteur [Fourche and Morlinghem, 2012], la philosophie bantoue, les proverbes immémoriaux de l'Afrique sont fascinants de profondeur et de sagesse… pourvu que l'on prenne le temps de s'y ouvrir.

Quant à l'absence de connectivité avec l'Afrique, le temps, depuis l'écriture des propos de Rushton, a superbement contredit ces derniers : ayant absorbé à son avantage les technologies modernes de communication, le continent se branche à lui-même et au monde, chaque jour de plus en plus. Comme quoi, le cliché du moment n'est ni un reflet du passé, ni un miroir du futur d'une descendance humaine.

B. Rushton renchérit :

« (Selon) les rapports annuels d'Interpol, le taux de meurtre, de viols et d'agressions sérieuses est 4 fois plus élevé dans les pays africains et caribéens que dans les pays asiatiques et du bassin pacifique. Les pays européens se situent entre les deux. » (Chap. 4).

À ceci, nous controns :

Nous ne pouvons juger de l'assertion sans avoir examiné la manière dont les données ont été compilées. Je suppose que cette insigne médaille de la violence et de la criminalité revient aux pays cités pour des offenses individuelles et des événements épisodiques. Il n'est pas clair si oui ou non lesdits crimes étaient motivés par des révoltes légitimes contre des injustices instituées, ou par des besoins de la simple survie. Étrangement l'Histoire de l'Occident (que nous connaissons mieux que celle de l'Asie) nous a toujours paru comme une série ininterrompue de violences guerrières qui ont culminé dans les hécatombes des deux guerres mondiales. C'est comme si les violences individuelles s'illuminaient aisément à la lanterne de la Loi du groupe dominant tandis que celles du groupe dominant se couvrent de pieuses justifications et s'alimentent de l'avilissement de l'adversaire ou de la victime. Du coup, des crimes de masse prennent l'allure de nobles missions ou de faits divers : l'Inquisition, les Croisades, la Traite des esclaves, l'épuration des Amérindiens dans les Amériques, les massacres et amputations sérielles des populations congolaises sous le roi belge Léopold II, le génocide des Namibiens sous les IIème Reich, la Shoah, la bombe atomique, etc. D'ores et déjà, nous pouvons dire sans risque de nous leurrer qu'en matière de crimes de masse, la palme ne revient certainement pas à l'Afrique ni aux Afro-descendants. Bien souvent une violence programmée et exécutée par un groupe organisé (la religion ou l'État, et trop souvent les deux) ne devient un crime qu'à la défaite du groupe. La lecture historique véhiculée à grande échelle est presque toujours celle des gagnants.

C. Rushton poursuit :

« Le QI mesure l'intelligence et prédit le succès dans la vraie vie. Les races diffèrent en volume du cerveau et en valeurs de QI. (...) Les différences de QI s'expliquent par celles du volume cérébral. (...) Si l'on prend 100 pour moyenne de QI, la marge normale se situe entre 85 (terne) à 115 (brillant). Un QI de 70 est signe de handicap, tandis qu'un de 130 ou plus est la marque du surdoué. Le QI moyen de l'Oriental est d'environ 106, celui d'un Blanc d'environ 100, celui du Noir d'environ 85. (…)… Alors que les Orientaux ont développé des sociétés complexes en Asie, et que les Blancs ont produit des civilisations complexes en Europe, les Noirs d'Afrique ne l'ont pas fait. (…) Les Noirs d'Afrique ont un QI d'environ 70 (…) le plus bas jamais enregistré. » (Chap. 4).

À ceci nous opposons :

Ainsi, à en croire Rushton, les Africains seraient des handicapés mentaux ! Vraiment ? Le travail cité par Rushton provient du psychologue britannique Richard Lynn, '*un oiseau du même plumage*' que l'auteur, qui a recueilli des scores QI du monde entier sur une période de 20 ans. Mais, comme par hasard, Rushton oublie de mentionner à quel point ce travail a été universellement discrédité dans la véracité de son contenu et la qualité de ses analyses statistiques. Comme par hasard aussi, quand Rushton établit des corrélations entre le volume cérébral et l'intelligence, intimidé sans doute par le courant actuel d'affirmation féminine, il se garde de faire référence au moindre volume du cerveau des femmes et la prétendue moindre intelligence du genre clamée par Lynn et que les données nouvelles ont superbement contredite. Il multiplie les citations sur les mensurations du cerveau – volume et périmètre crâniens, poids cérébral des cadavres, imagerie par résonance magnétique (IRM), nombre de circonvolutions et surface étalée ; il relève la concordance des différences entre 'races' dans toutes ces mesures ; il en dérive même par extrapolation les différences 'interraciales' en nombre de neurones dans le cerveau : il prétend qu'en moyenne, les 'Noirs', ayant un cerveau moins vaste, en auraient 400 millions de moins que les 'Blancs' ! De ces différences physiques, en un saut quantique, il conclut : l'intelligence diffère entre 'races' comme le démontrent les tests de QI.

Des inférences de Rushton, le moins que l'on puisse dire, c'est qu'elles sont consistantes dans leur biais. L'auteur récite avec ferveur les articles qui confortent sa thèse et ignore avec superbe indifférence la vaste littérature qui contredit ces dires. Il met cette dernière sur le compte du libéralisme et de la rectitude politique. Pour notre part, nous préférons attribuer les envolées du psychologue à une obsession pour les corrélations et la mathématisation de celles-ci. *Pourtant, corrélation n'est pas causalité, ni même association.* Par exemple, dans le temps, au Congo belge, la prévalence du diabète corrélait avec le standing économique. De là, la blague autrefois répandue selon laquelle l'argent donnait le diabète. On sait à présent qu'entre l'un et l'autre, il y a plusieurs facteurs modifiables qui briseraient la corrélation, les plus proximaux étant la nutrition et l'activité physique. Que savons-nous du nombre des neurones, de leurs connexions et de leur plasticité ? Si peu ! L'éléphant ou le dauphin montre un rapport poids cérébral/poids corporel plus élevé que l'Homme, que pouvons-nous conclure sur leur intelligence ? Rien ! De quoi parlons-nous donc quand nous parlons d'environnement ? Du climat, de la nutrition, du stress social sous toutes ses formes, des croyances, des priorités existentielles ? Pouvons-nous tracer des courbes en cloche sur les 'races' qui prendraient en compte tous ces variables ? Nous en doutons ! Si même nous le pouvions, ces courbes se superposeraient-elles à celles des QIs ou s'en décaleraient-elles ? Et dans quelles directions et avec quels étalements ? Nous ne le savons pas ! Le saurons-nous jamais ? Peut-être. Pour l'instant, la question demeure.

L'élaboration des théories est le sport favori des académiciens. Mais la rigueur scientifique exige que l'on se garde de spéculations intempestives et hasardeuses à partir des données partielles et diffuses, que l'on ait l'honnêteté de reconnaître, sinon son ignorance temporaire, du moins les divergences d'interprétation de ces données. La psychologie et la psychiatrie ne seraient-elles des sciences qu'au sens impur du terme ? Ne seraient-elles que de simples exercices d'intellection des observations d'attitudes et d'aptitudes, sous le couvert du vocable des sciences biologiques et mathématiques ? Les divagations au cours du temps dans leurs théories consignées en traités laissent penser qu'elles sont loin de devenir des sciences véritables. Que des revers, que des retournements dans l'histoire de ces domaines du savoir prétendu ! Le plus percutant en date étant le passage de la *'morbidisation'* à la *'génétisation'* de l'homosexualité !'

D. Rushton explique :

« Les (mesures) d'héritabilité, les adoptions croisées, les pondérations génétiques et les régressions des moyennes, tout cela dit la même chose (…, à savoir) que les gènes sont la cause des différences interraciales de QI. (…) Des (études) de jumeaux identiques séparés dans leur enfance et élevés séparément (ont permis de conclure que) le QI est déterminé par hérédité à 70% et par l'environnement à 30%.(…) Une étude renommée d'adoption transraciale, le *Sandra Scarr's Minnesota Project*, dans lequel les enfants adoptés (par des familles blanches) étaient soit des Blancs, des Noirs ou des Mulâtres, (a démontré) qu'à l'âge de 7 ans les enfants noirs élevés dans de bons foyers avaient un QI moyen de 97 contre 109 pour les enfants mulâtres et 112 pour les enfants blancs ; (…) qu'à 17 ans, ces enfants avaient un QI d'environ 106, 99, et 89 selon qu'ils étaient blancs, mulâtres et noirs, respectivement. » (Chap. 5).

Ce à quoi, nous répliquons :

Il est possible que le trait mesuré durant ces études (et nous nous réservons d'affirmer qu'il fût l'intelligence) contienne une composante héréditaire. Il existe bien entre jumeaux monozygotiques des correspondances physiques dans les structures anatomiques du cerveau, comme mesurés par IRM, mais pas dans leurs QI [Tramo et al., 2008]. Quoi qu'il en soit, *héréditaire n'est pas synonyme de génétique et vice versa ; l'un n'est qu'une possibilité de l'autre.* Nous avons fait mention des facteurs épigénétiques qui peuvent influencer l'expression des gènes au cours de la vie d'un individu. Ces facteurs incluent, entre plusieurs autres, le contexte économique, social et psychologique de la mère durant la gestation, le milieu familial durant les premiers mois de vie, les traumatismes liés au processus d'adoption. Ces paramètres n'avaient pas été pris en considération dans les études citées. Ils ne pouvaient d'ailleurs pas l'être, étant trop nombreux et peu mesurables. À défaut, l'auteur s'est contenté d'amalgames et de moyennes ; et il en a tiré des conclusions pour le moins douteuses.

Ladite mesure d'intelligence des enfants 'Noirs', selon l'étude Scarr, s'améliore quelque peu quand ces enfants sont élevés dans de *'bonnes familles moyennes blanches'* (métissage culturel) ou qu'ils sont porteurs du *'bon sang de Blanc'* (métissage biologique). Par symétrie, la mesure de QI dans les cas d'adoption inverse aurait pu être effectuée (Qu'adviendrait du QI des enfants 'blancs' défavorisés placés dans de *'bonnes familles moyennes noires'* ?). Elle ne l'a pas été, ces cas seraient extrêmement rares si pas inexistants et socialement inacceptables. Notons par ailleurs que, pour les besoins de leur argumentation, les investigateurs de cette étude ont choisi de créer la sous-catégorie de Mulâtres. Ils ont feint d'ignorer la surannée *'One-Drop Rule'*, la règle de la goutte unique, un principe social et légal selon lequel toute personne qui a un ascendant 'nègre' est un 'Nègre'. Ce principe eugéniste, dénommé *hypodescendance*, a été étendu à tout métissage entre 'la race supérieure blanche' et toute autre 'race inférieure' (incluant la 'race juive' !). Selon cette règle, les Mulâtres étaient inexorablement considérés comme des 'Noirs' dans la société américaine. Notre point de vue est que dans ce champ d'étude, les préconçus sociologiques peuvent contaminer la recherche et en invalider les résultats.

Rushton invoque aussi *'la régression des moyennes'* pour appuyer la thèse de l'héritabilité du QI. Une telle régression est illustrée par la taille des enfants par rapport à celle de leurs parents : deux parents de taille supérieure à la moyenne de leur groupe donneront des enfants de taille supérieure à cette moyenne, mais inférieure à celle de leurs parents ; de même, deux parents de taille inférieure à la moyenne de leur groupe donneront des enfants de taille inférieure à cette moyenne, supérieure à celle de leurs parents. Ce phénomène serait dû au mixage des gènes parentaux et au lotissement de combinaisons différentes aux enfants. En d'autres termes, la taille des enfants d'un groupe reproductif circonscrit aura toujours tendance à se rapprocher de la taille moyenne de ce groupe. Cette règle s'appliquerait au soi-disant QI : celui des Afro-descendants en général se rapprocherait de leur moyenne de 85, celui des Euro-descendants de leur moyenne de 100, celui des Asiatico-descendants de la leur de 106. Sauf que la taille est un paramètre physique linéaire, continu et quantifiable, alors que le QI est un paramètre mental diffus, entaché de subjectivité autant dans sa définition que dans sa mesure. Par ailleurs, autant pour la taille que pour le prétendu QI, cette prédiction devient inapplicable, dès lors que le groupe devient indéfinissable dans ses limites et qu'interviennent les facteurs du milieu. L'importance de ces facteurs est illustrée par l'observation qu'entre 1930 et 1980, la taille moyenne d'adulte, qui est un trait héréditaire reconnu, a crû de 4.1% dans les pays riches, de 1.2 à 2.4 dans les pays émergeants et pas du tout dans les pays pauvres [Perkins et al., 2016]. Que dire desdits QIs ?

Enfin, Rushton rationalise ces différences 'interraciales' de QI par la théorie des stratégies 'r-K', formulée par le sociobiologiste Edward O. Wilson de l'Université Harvard. En bref, la théorie stipule que le succès reproductif d'une espèce dépend d'un équilibre caractéristique entre une fécondité accrue ('r') d'une part et l'exigence de soins à sa progéniture ('K') d'autre part. Cet équilibre peut pencher d'un côté ou de l'autre. La stratégie 'r' est régie par l'instinct sexuel et la stratégie 'K', par l'instinct parental. Ce dernier étant plus exigeant, les espèces à stratégie plutôt 'K' possèdent un système neuronal plus complexe et un cerveau plus performant. Rushton s'est allègrement accaparé de cette théorie et l'a appliquée avec désinvolture aux 'races' humaines. Il a conclu que chez les Afro-descendants, la balance stratégique penche plutôt vers le type 'r' alors que chez les Euro-descendants et surtout chez les Asiatico-descendants, elle penche plutôt vers le type 'K'. Voilà pourquoi, selon lui, les enfants africains se développent plus rapidement, atteignent la maturité sexuelle plus précocement ; que, devenus adultes, ils possèdent un taux plus élevé de testostérone sanguine, sont plus musclés et plus portés à la violence, ont des organes sexuels primaires et secondaires plus développés, démontrent une sexualité plus débridée, se reproduisent plus en désordre, négligent davantage leur progéniture ; que, leur habitat et leur mode de vie originels n'en ayant pas 'formulé la demande au génome et à l'Évolution', ils n'ont pas acquis un cerveau aussi intelligent que celui des Euro- et des Asiatico-descendants. Tout ceci en moyenne bien sûr, se défend le psychologue, sans préférence ni préjudice à l'égard de l'un ou l'autre individu. Des 'exceptions à la moyenne', implique-t-il par cette défensive, on en retrouve dans toutes les descendances.

Comme va l'expression : tant qu'à faire, il faut le faire. Quelles associations acrobatiques, fondées sur un ramassis de données récoltées sans nuance pour le besoin de la cause ! Sexualité débridée, reproduction désordonnée, négligence de sa progéniture ? Par moments, on croirait lire l'exposé d'un anthropologue des siècles passés sur les 'sauvages' d'un monde qu'il vient de découvrir, qu'il jauge et juge par la règle de sa propre culture. Cela me rappelle cet ethnologue belge, prêtre missionnaire de son métier, qui avait conclu à la déficience émotionnelle (ni amour ni compassion), des Baluba parce que, selon ses recherches, ces derniers n'avaient qu'un mot (*ku-swa*) et sa négation pour exprimer leur affection et son absence [Colle, 1913]. Pourtant, nous, les vrais héritiers de la langue, en avons identifié une kyrielle avec diverses nuances (*ku : -ambisha, -anisha, -bedia, -kama, -kina, -kisa, -nanga, -nyoka, -samba, -tenda, etc.*). Nous, qui connaissons la culture africaine et avons été élevés en son sein, nous nous méconnaissons totalement dans la tirade dénigrante de Rushton, même s'il la revêt d'un vocable scientifique. Ceci n'est pas de la mauvaise science ; ce n'est pas la science, point, c'est tout. Nous nous abstiendrons donc d'honorer d'un démenti élaboré les insolences téméraires et les extrapolations saugrenues du psychologue. Leur ridicule patent y répond mieux que ne pourrait le faire tout exposé contradictoire de notre part sur le sujet. Nous choisirons plutôt de démonter les fondements terminologiques de cet '*héréditarisme*' idéologique en établissant ce que la génétique dit et ne dit pas.

IV.4. Les affirmations de la génétique

Les exploits de la génétique moderne ne sont qu'à leurs débuts. Aujourd'hui, pour un prix relativement modique, il est possible de déterminer les 3 milliards de nucléotides qui constituent le génome d'un individu ; il est possible d'estimer son âge biologique en mesurant la longueur de ses télomères (extrémités typiques des chromosomes qui se raccourcissent avec le passage du temps) ; il est possible de déterminer son (ses) ascendance(s) par la cartographie détaillée de ses variations génétiques. De plus en plus de gens s'adonnent à ce genre de prospection génétique pour le plaisir. Quelques-uns y cherchent beaucoup plus : ils veulent y parcourir leur horoscope à long terme, y consulter l'oracle qui leur prédirait leurs bénédictions et malédictions biologiques, en recevoir des promesses de santé et de longévité. Comme l'horoscope et l'oracle, les gènes *parlent* en phrases sibyllines qu'il faut interpréter avec justesse et discernement.

Que penser des maladies génétiques ? D'entrée de jeu, disons que les maladies graves fondamentalement génétiques sont plutôt rares. En général, la vie est octroyée aux corps viables seulement. Aux corps inacceptables, elle est déniée très tôt, au stade du zygote, de l'embryon ou de fœtus. C'est en cela que chaque individu qui vit est une *'success story'*. Cela dit, il arrive que des organismes défectueux passent ce criblage précoce et soient autorisés à vivre. La sensibilité de l'époque déterminera alors l'attitude de la société face à ces vies problématiques : elle peut choisir de les éliminer sans pitié ou de les conserver par compassion. La société qui choisit de préserver toute vie, même maladive, fait montre d'un aspect de notre humanité qui nous élève au-dessus de notre animalité, celui de vaincre la Sélection naturelle par le refus de l'indifférence et le choix de la compassion, par l'effort de soulager et de guérir. Pour une telle société, la maladie devient une opportunité d'apprendre, de s'instruire à la leçon des errances et des erreurs de la Nature. Il a été dit qu'une mutation génétique est une expérience de la Nature. Rien n'est plus vrai : elle est une occasion à saisir, de savoir et de comprendre.

Les mutations héréditaires menant à de graves morbidités à la naissance tendent à devenir de plus en plus rares dans une population avec le passage des générations du fait de l'élimination précoce de leurs porteurs avant qu'ils n'atteignent l'âge où ils pourraient les transmettre à une progéniture éventuelle. Si donc une telle maladie se maintient à une prévalence élevée, c'est que le gène muté qui en est la cause a offert ou offre encore, sous certaines formes, un bénéfice de survie ou de reproduction dans un environnement donné. Une telle mutation peut être perçue comme une tare pour l'individu malade, alors qu'elle est un atout pour la population. C'est le cas de la mutation S(ickle) du gène normal A(dulte) de la globine bêta qui cause l'anémie falciforme : deux copies S (SS) donnent une anémie grave, autrefois fatale ; pas de copie S (AA) rend vulnérable au paludisme ; une copie S conjointe à une copie A (AS) protège contre le paludisme. Les porteurs des deux copies, les hétérozygotes AS, relativement plus populeux, gardent la mutation présente dans la population de génération en génération. Considérant l'holocauste d'enfants qu'a causé le paludisme au cours de l'Évolution de l'Homme, la Sélection naturelle a saisi la chance d'une mutation survenue par hasard dans le génome d'un individu ; elle a joué de ses mécanismes aveugles (guidés par la nécessité) pour répandre cette mutation et sauver ainsi la population de l'extinction face à ce fléau, même s'il fallait, pour ce faire, qu'une minorité soit sacrifiée. Par ailleurs, la distribution géographique du paludisme correspond à celle de la mutation S. La maladie est répandue dans les régions tropicales du globe, de l'Afrique en particulier ; là aussi est très fréquente la mutation S. L'anémie falciforme d'une minorité est le prix qu'il a fallu payer pour la survie de la majorité.

Ce qui est vrai de la mutation S l'est aussi d'une variété d'autres mutations apparemment délétères pour la santé. Si elles se manifestent encore dans les populations, c'est qu'à une période donnée de l'Évolution, elles ont aidé à la survie de ces populations. C'est le cas du gène de l'antitrypsine alpha, dont certaines mutations invalidantes causent des maladies des poumons (emphysème) et du foie (cirrhose). Ces mutations sont fréquentes (20%) dans les populations de souche européenne parce que, dans l'Europe préhistorique, elles conféraient une protection contre les maladies infectieuses des poumons.

C'est dire que, dans ses choix des gènes à perpétuer, la Nature est, dans la durée, toujours 'bienveillante' à
l'égard de l'espèce, nonobstant les pénalités de morbidité
imposées à des individus. Nous sommes tous des produits d'une sélection positive ou purificatrice des mutations du génome. Cela est bien loin de la vision 'cruelle'
de l'Évolution.

Toutefois, sous ses structures basiques qui assu-
rent la survie à très long terme, le génome se *recrée*
(s'amuse !) dans la diversité, dans les variations génétiques, les SNPs, que nous avons mentionnés au chapitre
II. Si elles ne sont pas neutres, ces variations offrent à
moyen terme une marge d'adaptation plus étendue face
aux fluctuations du milieu, toujours en faveur de la survie. Elle confère une prédisposition à la vigueur biologique durant une période donnée et dans un milieu donné. Quand le milieu change, ces prédispositions peuvent
parfois devenir des vulnérabilités biologiques. Tel est le
cas, pense-t-on, des variations génétiques qui encoura-
gent l'accumulation des réserves caloriques sous forme
de gras ; cette *parcimonie calorique*, qui a favorisé la survie
au temps passé, marqué par des disettes périodiques, est
la principale cause de la montée fulgurante de l'obésité,
du diabète et des maladies cardio-vasculaires en ces
temps-ci, caractérisés par une abondance alimentaire
continue, du moins dans les pays développés et les
classes prospères des pays en développement. Dans le

passé, les gros individus survivaient et les minces mouraient ; dans le présent, c'est le contraire qui prévaut ; dans le futur, si la tendance se maintient, il est possible que les variations génétiques de la *prodigalité calorique* soient les plus fréquents dans nos populations. De même, les variations génétiques, qui accentuent le recyclage du sodium au niveau des reins, étaient un précieux atout pour préserver à un niveau adéquat le volume sanguin chez les populations aux traditions alimentaires pauvres en sel (entre autres, dans certaines régions d'Afrique centrale) ; ces mêmes variations seraient apparemment à l'origine de la flambée d'hypertension artérielle par rétention excessive d'eau dans le sang maintenant que ces populations se nourrissent d'une diète copieusement salée.

L'épidémiologie historique et géographique permet de retracer ces conversions de vigueurs en vulnérabilités biologiques que les changements de milieu (la diète dans le cas ci-haut cités) imposent aux organismes. Cette forme d'anthropologie médicale fouille et interroge le passé à la lumière de l'actualité génomique. Avec les connaissances qu'elle nous fournit, les conditions socio-économiques le permettant, nous, comme humains, pouvons agir à bon escient sur notre mode vie et 'contredire' la mémoire du génome. Ainsi, *derrière une prédisposition génétique à la maladie, se cache souvent une préhistoire de vigueur biologique.* Cette prédisposition cesse d'être une fatalité dès lors que l'on en connaît l'histoire.

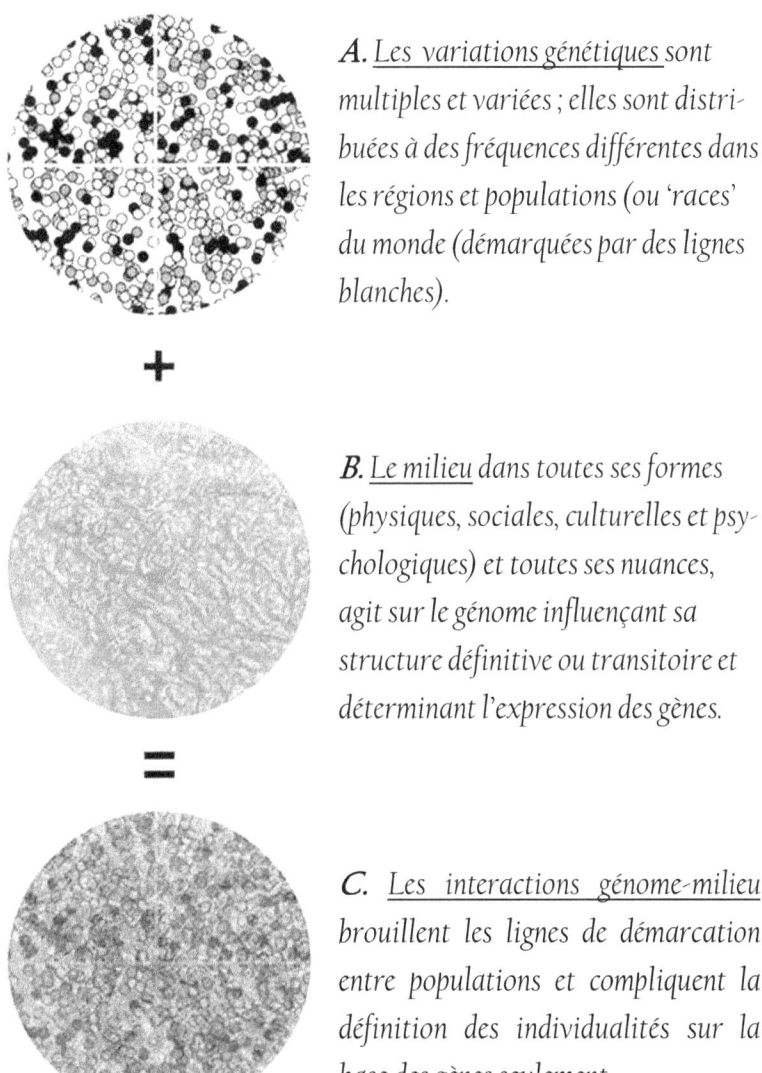

A. <u>Les variations génétiques</u> sont multiples et variées ; elles sont distribuées à des fréquences différentes dans les régions et populations (ou 'races' du monde (démarquées par des lignes blanches).

B. <u>Le milieu</u> dans toutes ses formes (physiques, sociales, culturelles et psychologiques) et toutes ses nuances, agit sur le génome influençant sa structure définitive ou transitoire et déterminant l'expression des gènes.

C. Les interactions <u>génome-milieu</u> brouillent les lignes de démarcation entre populations et compliquent la définition des individualités sur la base des gènes seulement.

Figure IV.4. *L'indissociable tandem 'génome-milieu'*

Les mutations sont *défensives* face aux tests de la Sélection naturelle ; les variations sont *adaptatives* face aux fluctuations de l'environnement ; les unes et les autres protègent l'espèce et les populations ; elles sont effectives à long terme pour les unes et à moyen terme pour les autres. Y a-t-il des variations génomiques qui protègent l'individu à court terme ? Oui : les variations épigénétiques, ces étiquettes transitoires et non héréditaires — souvent, mais pas toujours, sous forme de groupe méthyle — placées sur les gènes pour en modifier l'expression en réponse aux signaux immédiats du milieu. Ces signaux sont aussi nombreux et aussi divers que l'environnement même ; ils sont physiques ou psychologiques et, je m'aventurerais à dire, même spirituels dans la mesure où le spirituel est la source, le produit ou le reflet d'interactions atomiques ou subatomiques (je spécule) ; ils débutent à la conception, se poursuivent durant la gestation, se consolident à la naissance et, pense-t-on, s'ajustent tout au cours de la vie d'un individu pour améliorer ses chances de vivre en santé et (en vue) de se reproduire.

Un exemple pour illustrer ce point : si vous fumez ou avez fumé, souvenez-vous de la réaction de vos poumons à votre première cigarette ? C'était là une alarme que sonnait votre organisme, un avertissement qu'il y avait un danger pathologique. Après une série d'alertes ignorées, en silence, à travers des modifications épigénétiques, votre organisme s'affairera désormais à réarranger l'expression de vos gènes afin de désempoisonner les poumons et vous permettre de survivre… jusqu'à ce qu'il ne pourra plus. *La 'compassion' est une signature du génome.* On sait par expérimentation animale que le fœtus 'ressent et évalue' le contenu de la nourriture que sa mère consomme ; que par des empreintes épigénétiques, il ajuste le développement de ses organes de façon à optimiser sa santé après la naissance avec cette même nourriture ; et qu'un changement abrupt de diète le rendrait inexorablement malade. Où nous sommes, ce que nous sommes, ce que nous mangeons, ou ce que nous pensons influencerait à court terme ces subtiles nuances dans la structure et les motions du génome. Ainsi, par-dessus les modules, les mutations et les variations génétiques, c'est dans l'anticipation et l'expérience de la vie, telles que manifestées par les empreintes épigénétiques, que se déploie la plus grande diversité biologique.

La chimie des gènes est la même entre tous les êtres vivants, du virus à l'Homme. Cette communauté nucléotidique a permis des intrusions et des passages des gènes d'une espèce à une autre au cours de l'Évolution. Nous avons déjà fait allusion au fait qu'une bonne partie de notre génome est d'origine microbienne. Mais, les microbes ne nous ont pas seulement fait don de leur ADN, ils partagent leurs vies avec nous. Nous avons dit que les motions du notre génome, en communion avec notre milieu de vie, affectent notre bien-être et nos aptitudes. Ces derniers temps, on parle de plus en plus d'un autre milieu qui, littéralement, nous 'colonise' : le *microbiote*, cette vaste communauté de microbes qui, la plupart du temps, vivent paisiblement dans diverses parties de notre corps — la peau, la chevelure, la bouche, les narines, l'œsophage, l'estomac, les intestins et le vagin. Ces niches diffèrent en composition microbienne. Celle-ci diffère aussi entre les individus. Collectivement, elles contribuent à notre état de santé physique et mentale de diverses façons. Nous les acquérons dès le début de notre vie : durant la gestation, le transit vaginal à la naissance, la lactation, l'alimentation et le contact avec notre milieu de vie. Leurs gènes sont 100 fois plus nombreux que ceux de notre génome, faisant de nous des '*écosystèmes microbiens ambulants*'. En plus de nous aider à digérer certains aliments, ils fabriquent des alcools et des gaz qui régulent notre biochimie. L'exemple le plus frappant de leur influence sur notre santé porte sur la tour de taille que nous arborons : apparemment, l'obésité ou la maigreur de notre corps n'est pas causée par nos gènes et à nos habitudes alimentaires seulement, elle serait aussi due à la panoplie de microbes que nous transportons dans notre ventre. Il a été démontré qu'il est possible de rendre mince une souris obèse, en éliminant son microbiote par un traitement aux antibiotiques, et en lui inoculant celui contenu dans les fèces d'une souris mince ; et vice-versa. Les altérations graves et durables du microbiote seraient des causes connexes de multiples maladies telles le diabète, l'hypertension, la maladie d'Alzheimer, les maladies immunitaires, etc. [Morand, 2017]. Les microbes ajoutent encore plus de complexité à notre diversité génétique.

De la simple compréhension des gènes, nous sommes passés à leur manipulation. Cette révolution a débuté dans les années 70 avec le clonage moléculaire. La technique fait usage des enzymes et des vecteurs (véhicules de transport construits de gènes bactériens ou viraux). Elle permet de ciseler n'importe quels gènes, d'en ficeler les fragments dans n'importe quel ordre choisi pour générer des gènes artificiels, d'introduire ces derniers dans des cellules choisies afin de les transformer en usines de fabrication des protéines désirées. L'insuline utilisée pour traiter les diabétiques et l'hormone de croissance injectée aux enfants souffrant de retard de croissance due à une insuffisance congénitale, ne sont que deux exemples de protéines humaines fabriquées dans la bactérie par ingénierie génétique. Cette technologie a été exploitée de diverses façons pour modifier les plantes et les animaux ; et, dans un proche avenir, pour soigner les maladies de l'Homme.

L'anémie falciforme est certainement l'une des maladies génétiques les mieux étudiées et les mieux comprises. Du fait que le gène défectif est exprimé dans les cellules relativement accessibles de la moelle des os longs, la maladie se présentait comme la cible la plus immédiate de la thérapie génique. Des médecins-chercheurs des États-Unis ont tenté de substituer ou de complémenter la moelle osseuse de quelques enfants SS avec des cellules de leur propre moelle modifiée in vitro et dans lesquelles la globine bêta normale était produite. Bien que prometteuses à court terme, aucune de ces tentatives n'a réussi à guérir la maladie à long terme. Les efforts se poursuivent, les vecteurs s'améliorent ; il n'est plus qu'une question de temps avant que l'espoir ne prenne corps et que les enfants SS puissent espérer une vie plus ou moins normale. Une longue série de maladies métaboliques, cardio-vasculaires, cancéreuses ou infectieuses, héréditaires, congénitales ou somatiques, sont aussi candidates à la thérapie génique. Certaines d'entre elles, comme les immunodéficiences combinées sévères SCID-X1 et ADA-SCID, ont été traitées avec quelque succès [Ginn et al., 2013]. Bientôt, l'ADN fera partie de notre pharmacopée.

En ce moment, une technologie milléniale de retouche des gènes se pointe à l'horizon : celle du système CRISPR/Cas9. Il a été noté qu'une bactérie s'immunise contre un virus envahissant (bactériophage) en insérant dans son génome des fragments de ce virus entre des étiquettes répétées dénommées CRISPR (*Clustered Regularly Interspaced Short Palindromic Repeats*). Couplées à une enzyme de ciselage (Cas9), une protéine de guidage (PAM) et un ARN de reconnaissance correspondant à une région génomique du bactériophage, l'ensemble permet de reconnaître le virus envahissant et de ciseler son ADN. Cette astuce bactérienne a été convertie en une technologie raffinée de correction de n'importe quel génome, correction dans toutes les nuances du terme — rature, retouche, rectification, amendement, amélioration. Avec les raffinements quasi-quotidiens apportés à cette technologie, on pourra bientôt, très bientôt même, procéder à une chirurgie génétique au nucléotide près.

Pourquoi ? Pour soigner les maladies génétiques ou inactiver des agents pathogènes ? Pour 'améliorer' les espèces de plantes, d'animaux incluant l'*Homo sapiens* ? Les eugénistes et les racistes rêvent-ils déjà du jour où ils pourront mettre en œuvre leurs 'bonnes' intentions de purifier et de parfaire l'espèce humaine, de grossir son cerveau, de multiplier ses neurones et de complexifier leurs interconnexions ? La fiction des romans et des films d'hier se rapproche-t-elle de la réalité ? Peut-on encore refermer la boîte de Pandore ? L'évolution du génome humain dépendra-t-elle de l'usage de ces artifices génétiques ?

Espérons que non. Car, si nous en apprenons de plus en plus sur les manœuvres et les outils de l'Évolution, nous en savons si peu encore. Si nous connaissons un peu mieux la chimie de la nature et de la vie, nous en ignorons tant sur ses actions et ses conséquences. Il y aura sûrement des tentatives, des précipitations et des dérives. Notre espoir est que la sagesse humaine prévaudra, comme elle tente de le faire en ce qui concerne notre savoir sur l'atome. Nous sommes *Homo sapiens* après tout.

IV.5. Les silences de la génétique

Nous savons ce que dit la génétique, dans l'état actuel des connaissances. Mais bien souvent, des esprits naïfs ou malins lui font dire ce qu'elle n'a pas dit. Dans ce débat sur la psychométrie des groupes et l'héritabilité génétique de ses mesures, nous ne voulons pas nier la réalité et l'importance des gènes : les gènes dictent ce que nous sommes, notre organisme, nos aptitudes et nos potentialités. Toutefois, c'est quand transcrite sur le parchemin du milieu que cette dictée prend réalité, forme, sens et permanence. La diction peut être parfaite ou imparfaite ; la qualité du parchemin peut répondre au besoin ou laisser à désirer ; c'est dans la fusion des deux volets que s'exprime la vie. Il est faux de penser que le génome rencontre ou confronte le milieu. Sans l'un, l'autre ne signifie rien. *Nous sommes à la fois la dictée et le parchemin, confondus en une variété incommensurable de nuances.*

Les regroupements arbitraires fondés sur des superficialités ne font pas justice à ces nuances. C'est pour enrichir et étendre ces nuances que la génétique a *autorisé* que nous nous reproduisions entre nous, que nous formions une seule et même espèce. Nonobstant les prétentions des eugénistes, tout effort 'consanguiniste' visant à contrecarrer ce déploiement et cet entremêlement des nuances est contre-génétique. Si exagéré, il est ultimement dysgénique. Il conduit à la dégénérescence des organismes.

Dans le lexique génétique, le mot 'race' n'existe plus. Il en a été extirpé par l'étude des variations génétiques. Celles-ci sont plus marquées dans les groupes qu'entre les groupes ; elles se recoupent et se superposent. Autorisées par les gènes selon la géographie, les différences physiques, forment des gradients qui contrarient la définition du mot 'race'. Bientôt, le brassage des populations, occasionné par le démantèlement des barrières sociologiques et écologiques, rendra cette notion de plus en plus caduque : bientôt nous ne parlerons plus de notre unique ascendance, mais de nos multiples ascendances.

Toutefois, le mot 'race' n'est pas sur le point de disparaître du vocable vernaculaire. Il est imprimé dans la psyché des sociétés humaines comme un atavisme, un besoin d'affirmation par différenciation, une recherche de ressemblances sécurisantes. Quand un groupe se veut différent d'un autre, il se dénomme 'race' et nomme l'autre mêmement. 'Race juive', 'race arabe', 'race bantoue ou nilotique', le terme est lancé à la légère, à la ronde et dans tous les sens. Ce besoin de distinction est-il

153

inscrit dans les gènes ? Peut-être. Comme un réflexe primaire d'auto-préservation devant l'étrange et l'étranger ? Pour ne pas être la proie d'un prédateur éventuel ?

À ce propos, je me souviens d'un incident amusant qui m'est survenu en 1987 et qui illustre ce point. Je travaillais alors à l'IRCM. Chaque année, au printemps, l'institut organisait pour ses employés une randonnée campagnarde, la traditionnelle cabane à sucre, une occasion de se gaver de *'bine'* (haricots au lard) et *'d'oreilles-de-Christ'* (grillades de lard salé), de savourer la tire d'érable fraîchement soutirée des arbres, sous la bonne musique *'country'* et des danses 'carrées'. C'était par autobus que nous nous rendions à la cabane à sucre cette année-là. J'étais accompagné de ma femme Mujangi-Annie et de notre fillette Tshanda Roxanne, deux ans d'âge. Nous sommes entrés dans le véhicule. À la vue des nombreux visages pâles qui le peuplaient, notre fillette a pris peur ; cramponnée au cou de sa mère, elle rejetait toutes les gentillesses de mes collègues caucasiens, jusqu'à ce qu'elle aperçoive Rodney Squire, un Ghanéen, dans le fond de l'autobus. Celui-ci lui a tendu les bras. Elle est descendue des genoux de sa mère et a couru vers lui pour lui donner une accolade. Je me suis levé et, à l'assistance tout étonnée, j'ai dit : « Je m'excuse, les amis, ma fillette est encore une 'raciste'. Laissez-lui le temps d'en guérir. »

Cet héritage animal est encore vivant en nous. Cependant, même chez les animaux, ce réflexe s'atténue avec la familiarité quotidienne. Leurs gardes baissées, dé-laissant le regard de méfiance mutuelle, les animaux peuvent devenir des convives, surtout s'ils sont de la même espèce. *L'exacerbation des distinctions au sein de la famille Homo sapiens est une entreprise sociale strictement humaine.* Son discours résulte d'un agenda de puissance, celui de consolider les différences et les inégalités en fatalités génétiques. Pourtant, l'histoire des civilisations, leurs essors et leurs déclins, devrait nous instruire sur ce sujet : le génome oui, mais en résonance avec le milieu. Les changements de l'un et l'autre sont les seules certitudes que puisse nous garantir l'avenir. Notre défi existentiel en tant qu'espèce est de 'maîtriser' ces changements.

Venons-en au discours sur l'intelligence. A-t-elle une base génétique ? Oui, bien sûr. Comme toute aptitude biologique sur notre planète, elle est dictée par les gènes. Nous ne sommes pas partisan de la théorie du 'Blank Slate' (Ardoise vierge, *Tabula rasa*), élégamment pourfendue par Steven Pinker, le psycholinguiste cana-dien-américain, professeur à l'Université Harvard, dans son ouvrage du même titre [Pinker, 2016]. La théorie minimise la part des gènes, en faveur de celle du milieu. C'est là un biais né de l'aversion, si pas de la crainte, face à la prétendue 'nature irrémédiable' des traits géné-tiques. Les mutations spontanées qui surviennent occa-sionnellement chez les humains peuvent induire des alté-rations de comportement ou de perception de la réalité

155

hors des normes courantes. Pensons aux microdélétions du chromosome 15 qui, héritées du père, induisent le syndrome de Prader-Willy, marqué par une obésité massive due à un appétit insatiable. Ces même microdélétions, héritées de la mère, induisent cette fois le syndrome d'Angelman (surnommé 'syndrome de la poupée joyeuse') marqué par la minceur physique et une joyeuse disposition d'esprit. Comme il existe des prédispositions familiales — et donc possiblement génétiques et héréditaires — au diabète, à l'obésité, à l'hypertension artérielle et au cancer, il en existe aussi à la dépression, à la schizophrénie, à l'autisme et à l'homosexualité, etc. Ce qui est vrai du physique et du mental l'est aussi de cette aptitude unique à l'Homme de concevoir, abstraire, anticiper et inventer : l'intelligence. Notre questionnement ne porte donc pas sur le caractère génétique de cette aptitude ni sur son héritabilité. Il porte sur deux points : sur sa définition et sur sa mesure comparative entre groupes humains.

Nommer une chose n'en fait pas une entité. Ce que l'on dénomme intelligence est un concept et, comme telle, elle échappe aux limites restrictives d'une définition. On en voit les manifestations, les effets, les actions et réactions, mais on ne peut la capturer dans toute sa globalité en un texte ou un test. Une particularité de l'espèce humaine est que l'idéologie dominante fait partie intégrante de son environnement. Comme observateur, l'Homme ne peut juger de l'intelligence d'un autre Homme que sous la loupe des priorités existentielles et de l'idéologie dominante de sa société. Une société qui, dans sa tradition, estime davantage la croissance spirituelle (ex., la société tibétaine), l'harmonie sociale (ex., les sociétés africaines), ou la cogestion de la nature (ex., les sociétés amérindiennes), exprimera son intelligence de manière différente d'une société qui donne priorité à la domestication de la nature et au matérialisme conquérant (ex., les sociétés occidentales). Avec la contraction relativement récente de l'espace planétaire du fait de la généralité des moyens de communications, les diverses formes d'intelligence rivalisent de pertinence. Il semble que l'intelligence de la conquête matérielle prédomine présentement, des points de vue économique et militaire. Elle fascine toutes les sociétés, qui s'évertuent à l'exprimer au mieux de leur environnement. *Il n'y a pas de gènes de l'intelligence comme il n'y en a pas de la bonté.* L'intelligence est la résultante des interactions entre les produits d'une multitude de gènes (pour l'instant inconnus) exprimés selon le potentiel et le besoin de la survie et de la procréation.

C'est sur ce fond qu'il faut discuter de la validité des mesures du QI. Ces dernières mesurent bien quelque chose, mais cette chose n'est pas l'intelligence (qui n'est pas une chose), mais certaines habilités de l'intelligence selon des paramètres façonnés par l'intelligence du mesureur. *La mesure ne peut pas ne pas être un miroir, et le résultat, un reflet de 'l'Homme à la règle'.* Quel que soit son effort d'impartialité et d'indifférence, la mesure consistera toujours à confronter une personne à un étalon ; la réponse de la personne dépendra subconsciemment de son acceptation de cette confrontation. Il est difficile de débarrasser les tests QI de cet élément émotif, surtout dans une société, comme les États-Unis, chargée d'une longue histoire d'agressivité et de résistance entre groupes à épiderme différemment mélanisé.

Bien que les tests aient plus de 100 ans d'histoire depuis que le psychologue français Alfred Binet (1857-1911) les a élaborés afin d'aider les enfants en difficulté de scolarisation, la controverse autour du sujet n'a rien perdu de son ardeur, surtout depuis que les eugénistes et socio-taxonomistes s'en sont accaparés et ont fait de leurs résultats une fatalité génétique. Une revue attentive de la littérature sur ce sujet nous a révélé de multiples abus de terminologie scientifique visant à expliquer des données souvent confuses et à soutenir des thèses pour le moins douteuses. Le démenti le plus cinglant de la validité de ces thèses, nous l'avons lu dans le livre intitulé *The Mismeasure of Man* (La fausse mesure de l'Homme) écrit par Stephen Jay Gould, celui-là même qui a formulé la théorie de l'Évolution ponctuée à laquelle nous avons alludé au chapitre III. Cet historien de la science, à la plume alerte et élégante, faisant usage des données et des

analyses des 'QI-istes' eux-mêmes, démontre systémati-
quement les incohérences (et les fraudes apparentes) con-
tenues dans leurs thèses, et en démonte ainsi les conclusions.

Puisque les différences génétiques entre les
groupes humains sont insignifiantes par rapport à la variabilité génétique entre les individus au sein des divers
groupes, et puisque les facultés intellectuelles sont dictées
par les gènes, il ressort que ces facultés sont variables
entre les individus, mais pas entre les groupes. Toute différence entre groupes dans la mesure de l'une ou l'autre
de ces facultés est invariablement un artefact du milieu
(milieu au sens large du terme : climat, nutrition, santé,
famille, éducation, liberté, opportunité, culture). Changer le milieu pour le meilleur et le plus grand nombre
possible ne nivellera pas les facultés, mais permettra leur
pleine expression à leur amplitude variable et dans leur
plus ample diversité. C'est là l'unique demande et
l'unique promesse des gènes, demande et promesse que
contrarient souvent les hiérarchies sociales, les volontés
de puissance et toutes les théories pseudo-scientifiques
qui les justifient.

Bantu mbakua bisosa ;
bitu nkongo, bitu nsanzu.
(Les hommes sont tels des herbes;
il en vient de toutes les sortes.)

En conclusion

Le ton de cet ouvrage peut par endroits sembler quelque peu polémique (du grec *polemos* = guerre). Nous l'assumons sans apologie. Toutefois, s'il est un combat que nous avons voulu mener à travers ces lignes, il n'était nullement contre le désir de savoir et d'expliquer, mais fermement contre la récupération impudique de la pensée scientifique (celle de la génétique, dans ce cas) pour répandre des thèses idéologiques préconçues. De nos jours, la science a autorité sur notre vision de la réalité ; les scientifiques ont voix prépondérante au chapitre, une voix qui, dans l'exubérance des acquis et des percées, ignore parfois la tempérance et l'humilité qui doivent être siennes devant l'immensité de l'ignorance qui la confronte. Par ailleurs, le public profane est, de son côté, complice de ce penchant aux spéculations et extrapolations abusives de certains scientifiques : les certitudes proclamées qu'il attendait hier de ses prêtres, pasteurs, imams, mediums ou autres marabouts, il l'attend désormais de ses professeurs au sarreau blanc. Ce public désire instamment que les gènes lui confirment la vérité qu'il pressent ou qu'il souhaite ; il demande du *'lecteur des épîtres génétiques'* qu'il lui décrypte son destin dans les annales sacrées du génome. Par honnêteté intellectuelle, les généticiens devraient résister à la tentation de jouer aux grands-prêtres ou aux prophètes ; ils devraient circonscrire avec réalisme leurs découvertes, accepter publiquement les inconnus qui les entourent, et contredire vigoureusement les distorsions que l'opinion (la presse populaire surtout) leur imprime si souvent. La science possède son vocabulaire ; mais tous ceux qui utilisent ce vocabulaire n'en comprennent pas toujours le sens et la définition ; ils brandissent le mot 'ADN' pour décrire leurs humeurs ; ils accordent une nuance de noblesse au mot 'héréditaire' et une de fatalité au mot 'génétique' ; au péjoratif, ils accolent cette dernière épithète à leurs invectives. Surpris et amusé, il m'est arrivé une fois d'entendre une dame de mes accointances, en proie à la colère, traiter son mari de *'génétiquement'* pauvre. Dans l'esprit de la femme, le destin économique de son homme était irrémédiablement scellé dans ses gènes.

Quoi de plus tragiquement fatal qu'un défaut dans la *'machine à penser'* ! Les taxonomistes des facultés intellectuelles humaines font bien des concessions aux individus ; ils élargissent leurs courbes en cloche et se défendent de présumer de l'intelligence (et de son manque) de quiconque, même s'il est un membre d'un groupe ancestral présumé moins intelligent qu'un autre. « Nous parlons des moyennes des 'races' et non des individus ! », clament-ils sur la défensive. Le subterfuge n'est pas moins agressif qu'une attaque frontale. Pernicieusement, il submerge le subconscient des hommes et des femmes et imprègne leurs discours de préjugés inconscients :

> « Toi, tu n'es pas comme 'les autres'. » « C'est vraiment incroyable comme elle est intelligente, cette fille-là ! ». « Ce bonhomme est vraiment un motif de fierté pour sa 'race' » « Moi, je suis l'ami de tout le monde, même des 'gens de couleur'. »

De telles phrases, de la bouche d'un Non-Africain à un Africain, véhiculent toujours un sous-entendu infériorisant, presque méprisant, sur tous les Africains. C'est pour cela qu'il faut exposer la perversité au grand jour et la rappeler à la conscience. Nous l'avons dit, génétiquement parlant, les individus sont plus différents que les populations qui ne le sont qu'à la superficie. Comme l'a si bien écrit Stephen Pinker dans son livre précédemment cité :

> « Les différences de peau et de cheveux qui sont si évidentes quand nous regardons les gens d'autres races ne sont qu'une farce aux frais de nos intuitions. Les différences raciales sont pour une large part des adaptations au climat. (..) Les parties du corps qui font face aux éléments sont aussi celles qui font face aux regards d'autres gens, ce qui, fallacieusement, amènent ces derniers à penser que les différences raciales sont plus profondes qu'elles ne le sont en réalité. » (*Blank Slate*, Chap. 8),

Une farce de bien mauvais goût pour ceux qui sont du mauvais bord de l'équation ! Répétons-le : les balayages sélectifs des gènes de l'intelligence qui distingueraient les populations humaines attendront à jamais leurs honnêtes découvreurs. Plutôt que de se complaire dans de creuses spéculations, le regard inquisiteur, quand il est nécessaire, devrait se porter sur l'individu, ses aptitudes physiques et mentales et non sur le groupe 'racial' au sein duquel la société voudrait l'encastrer. Le grand rêveur, Martin Luther King Jr, l'avait proclamé dans son message historique concluant la Marche sur Washington pour l'emploi et la liberté, le 28 août 1968 :

> « Je rêve que mes quatre petits-enfants vivront un jour dans une nation où ils ne seront pas jugés sur la couleur de leur peau, mais sur le contenu de leur caractère. »

Cela est possible ; cela survient assez souvent ; mais seulement quand s'atténuent les anxiétés de la survie individuelle ou collective.

Car nous croyons que, fondamentalement, ce besoin d'échelonnage des individus et des peuples est un réflexe biologique, un relent des époques évolutionnaires où la survie et la procréation dépendaient en grande partie du statut que l'on détenait au sein de la bande ou de la tribu, de la prépondérance d'une bande-tribu sur les autres. Les humains seraient encore sournoisement guidés par ce réflexe ; mais, créatures de pensées et de prétentions, ils tentent de le rationaliser en l'enrobant de théories, hier théologiques, aujourd'hui génétiques, les unes aussi intéressées que les autres. L'intention enfouie dans la mémoire génétique reste l'accès privilégié à la casserole et au coït. Il n'est pas si loin le temps où les hommes tuaient pour s'assurer un territoire nourricier, où ils enlevaient des femmes comme butin de guerre pour s'offrir une progéniture abondante. Dans le jargon du jour, ils parlent de la *'préservation de leur mode de vie'* ; ils froncent les sourcils d'appréhension (s'ils ne l'interdisent pas par la violence ou la loi) devant les mixages de gamètes entre groupes d'intérêt vital divergent. Au cours de l'Histoire, le sexe entre membres de tels groupes, qu'ils soient appelés classes, castes ou 'races', a été condamné ou criminalisé dans beaucoup de sociétés (ex., en Inde, en Afrique du Sud, aux États-Unis). Les viols entre membres de ces groupes ont toujours été un symbole de domination ou de vengeance ; ils ravagent physiquement et psychologiquement les femmes qui en sont victimes et par ricochet détruisent la psyché de leurs hommes, confondus par leur impuissance à les empêcher.

Pour sauvegarder leurs privilèges statutaires et justifier l'asservissement des autres et les inégalités sociales, les membres du groupe dominant vilipendent ceux des groupes dominés et tentent de se donner bonne conscience en invoquant l'une ou l'autre théorie en vogue, sacrée ou profane. Comme l'a résumé le philosophe allemand Arthur Schopenhauer (1788-1860) dans l'un de ses aphorismes percutants :

> « N'importe quel misérable idiot, qui n'a rien dont il puisse être fier, adopte, en désespoir de cause, la fierté de la nation à laquelle il appartient ; il est prêt et heureux de défendre, bec et ongles, toutes les fautes et les folies de celle-ci, compensant ainsi pour sa propre infériorité. »

Ainsi, même si elle s'en défend, toute mesure comparative des facultés physiques ou intellectuelles des groupes humains cache en sourdine une évaluation de la pertinence humaine de ces groupes. Loin de nous l'idée de la condamner ou de l'interdire ; elle fait partie de la biologie humaine. Cependant il nous faut dévoiler sa motivation instinctive dissimulée derrière des proclamations de volonté divine ou de curiosité scientifique si nous voulons éviter les amplifications catastrophiques de cet instinct : les génocides, les esclavagismes, les apartheids de toutes sortes qui ont essaimé notre Histoire.

Par sa maîtrise de l'électron, de l'atome et de l'ADN, l'Homme domestique chaque jour un peu plus la nature et la vie ; mais ce pouvoir de conquête lui accorde une capacité grandissante de destruction massive de son milieu et des êtres qui le peuplent. Devant cette réalité, la survie du plus adapté, comme loi de la Sélection naturelle, doit être réinterprétée. Bientôt l'Homme cessera d'être un simple produit de l'Évolution pour en devenir un agent, une évolution qui pourrait le mener vers la survie collective ou le suicide collectif. De par sa nature d'*Homo sapiens* (dictée par les gènes exprimés dans son cerveau), l'Homme peut contredire certains instincts qui l'ont guidé au cours de son évolution passée. Il peut user de tolérance face à la différence et de tempérance dans la violence comme nouveaux mécanismes de pérennité. Il peut contenir ses réflexes de différenciation et de distanciation à outrance et les remplacer par des élans d'acceptation de l'autre, compagnon, complice, émule peut-être mais pas ennemi. Nous le pensons vraiment. Les réversions vers la bête en lui ne manqueront pas ; les éruptions de folie meurtrière parsèmeront encore sa route (comme en ont témoigné les épurations ethniques massives des deux derniers siècles (en Allemagne, en Turquie, au Rwanda, au Kosovo et au Congo) ; mais il devra et pourra les dépasser et les transcender pour la survie de l'espèce. Les gènes exprimés dans son cerveau le lui rappelleront ou le lui dicteront. L'extinction de l'espèce humaine, si elle survient, ne viendra probablement pas de l'Homme, mais d'un cataclysme cosmique ou d'une catastrophe biologique hors de son contrôle. Rêve ou désir illusoire ? Peut-être. Si, dans le temps, l'évolution des gènes a pu mener à la conscience, pourquoi ne pourrait-elle pas, avec le temps, mener à la sagesse ? La lutte pour la survie à venir sera contre les atavismes inscrits dans nos gènes. *Car, la première mission de nos gènes n'est pas de graver nos fatalités, mais d'incarner nos possibilités.*

Venons-en à l'Afrique.

Le spectacle tragique du monde africain et de sa diaspora depuis quatre siècles en a fait la cible idéale des analyses craniométriques et psychométriques. Il fallait bien expliquer cet état de choses et, à travers ces explications, le naturaliser et l'enchâsser dans l'inévitabilité. On ne peut ignorer le gouffre technologique qui sépare l'Occident et même l'Orient de l'Afrique. À l'ère où les deux premiers explorent les espaces interstellaires, le dernier '*mmusomba wuota munya*' (se prélasse paresseusement au soleil), comme disait mon grand-père Nkunda Lubumbashi à ses heures de dépit. Pour le monde aux alentours, le mot 'africain' est devenu, à tort je dois dire, synonyme de misère, de maladie, d'analphabétisme et de bêtise. Tant et si bien que certains peuples du continent, les Égyptiens, les Maghrébins et les Éthiopiens par exemple, se le dénient ou s'en distancient en silence. L'invasion actuelle de l'Europe par des hordes de migrants désespérés en provenance de l'Afrique subsaharienne et leurs noyades répétées sous les eaux de la Méditerranée ne peuvent qu'interroger les consciences et les ramener au fameux poème de l'écrivain britannique Rudyard Kipling (1865-1936) :

O Blanc, reprends ton lourd fardeau :
Envoie au loin ta plus forte race,
Jette tes fils dans l'exil
Pour servir les besoins de tes captifs.

…

The White Man's Burden (Le fardeau de l'homme blanc)

Aujourd'hui, la vie de l'Africain ne mérite pas qu'on s'y attarde, il semble. Ses morts se comptent par millions, ils ne comptent pas ; ils n'émeuvent plus. Mon Congo natal a perdu plus de 6 000 000 d'âmes dans les 20 dernières années : c'est à peine si l'opinion en parle. À l'écriture de ces lignes, le paysage hier savanien de mon Kasaï originel se clairseme chaque jour de fosses communes où s'enfouissent sans façon des corps ignorés, victimes du carnage fulgurant qui a cours en ce moment : on en parle comme d'un fait divers ; le monde congolais en perd déjà l'émotion ; bientôt, elle en perdra même la mémoire. Que dire des autres mondes ? *'Mawa ee !'* (Pathétique !), comme on dit en lingala. *'Truly, African lives don't matter'* (Vraiment, les vies africaines ne valent rien).

Dans cette conclusion, nous nous passerons des causes réelles ou invoquées de l'état actuel du monde africain. À trop les ressasser, nous risquons d'en faire des prétextes. De nombreux auteurs se sont creusé les méninges à vouloir l'expliquer. Selon Jared Diamond, le géographe-biologiste et essayiste de l'Université de Californie à Los Angeles, la géographie (incluant le climat et les maux y associés), un court passé d'institutions ca-

pables de gérer des sociétés complexes, d'agriculture et
d'écriture auraient, variablement ou collectivement, contribué au sous-développement de l'Afrique [Diamond,
2017]. Sur ce point, *I beg to differ* (je me permets
d'objecter). Comme beaucoup d'autres auteurs avant lui,
Diamond soustrait l'Égypte de l'Histoire continue de
l'Afrique. Tous les facteurs de développement qu'il énu-
mère (institutions, agriculture, écriture, etc.) étaient bien
réunis dans l'Égypte antique et avaient fait sa richesse
matérielle et culturelle, des millénaires avant l'ascension
de Rome et d'Athènes. Si, aujourd'hui, il y a un déficit
de ces facteurs propices en Afrique subsaharienne, ce
n'est pas parce que les Africains n'ont pas d'Histoire,
mais parce que, au cours de leurs pérégrinations et la
lutte pour la survie dans divers habitats du continent,
parfois inhospitaliers, ils ont perdu la mémoire de cette
Histoire. Comme je l'avais métaphorisé dans un essai
précédent portant sur l'analyse sociobiologique de l'état
de la RDC [Mbikay, 2012], *'l'Histoire et la Culture sont les
gamètes d'une nation'*. Sans elles, des institutions solides ne
peuvent ni naître, ni renaître, ni perdurer. À mon avis,
tous les facteurs de développement ci-haut cités ne sont
que circonstances et environnement, facteurs que, dans
une vaste mesure, il est possible modifier, et assez rapidement, avec les outils des temps modernes, créés chez
soi ou empruntés chez les autres. Mais il faut pour cela
une réappropriation de son Histoire, une vision claire du
chemin parcouru et du destin poursuivi, et des actions

délibérées visant à donner corps à celui-ci ; bref, il faut un leadership éclairé et volontaire, des hommes et des femmes de pensée et de courage, fruits d'une culture qui promeut et honore ces talents.

Ainsi, le temps n'est plus aux accusations et aux culpabilisations historiques ; le temps n'est plus à la simple survie mais à la vie pleine et fructueuse ; il est à ce que je surnomme 'la clairvoyance pionnière' : un regard lucide sur les réalités concurrentes du monde moderne, doublé d'une volonté de les dominer et de les convertir à l'avantage de sa part de ce monde. Puisque nous sommes convaincus que la condition actuelle du monde africain n'est pas une fatalité génétique, nous préférons explorer les voies vers sa réhabilitation et en ausculter les signes avant-coureurs de cette réhabilitation. Les barrières qui l'ont isolé sont maintenant démontées ; les menottes qui l'ont enchaîné sont maintenant brisées ; il lui reste à se délester de la lourde mémoire de cet isolement et de cet enchaînement, à se libérer complétement de son complexe de prisonnier et de serviteur. De nombreuses individualités africaines l'ont réalisé, mais le monde africain, au grand large, peine encore à le faire. Cela parce qu'il est toujours sujet à une culture inadaptée au milieu moderne, à ses exigences et ses compétitions ; inadaptée, pas à cause de son pool génétique, mais parce que ce pool est mal nourri et mal entretenu. Oui, les gènes doivent être bien nourris pour leur permettre d'exprimer pleinement leurs potentialités. On sait à quel point la nutrition influence la taille et la vigueur d'une progéniture ; il ne fait pas de doute qu'elle influence aussi ses performances intellectuelles. Dire que la maladie fragilise le corps est une tautologie ; qu'elle puisse dans certains cas laisser des séquelles durables dans le cerveau, est bien plus qu'une simple conjecture. Nourrir les corps n'est qu'une première étape dans la libération des potentialités génétiques d'un peuple ; il faut aussi et surtout nourrir l'esprit de ce peuple : par une éducation généralisée à l'excellence, par l'acquisition et la maîtrise des outils pratiques pour la survie dans ce monde moderne aux changements effrénés ; des outils mentaux aussi pour 'rêver' ce monde, penser ce monde et le recréer à son avantage, afin de dialoguer *ex aequo* avec les autres mondes ou, à défaut, de soutenir avec succès leurs concurrences. L'éducation est la seule arme efficace contre les croyances dépassées, les religiosités maladives, les fatalismes débilitants qui empoisonnent encore l'univers mental du monde africain, la seule qui puisse mener à son affranchissement des dictatures brutales et des kleptocraties éhontées qui l'emprisonnent encore de-ci de-là. C'est au prix d'une éducation soignée, et à ce prix seulement, que de ce riche pool des gènes variablement assortis et recombinés jailliront des esprits inspirés et novateurs, téméraires et valeureux, qui débarrasseront l'Afrique de ses lourdeurs et de ses obscurantismes du passé pour le mener vers des nouveaux horizons plus radieux, des réformateurs, des messies et des meneurs d'hommes. Alors, les instincts de survie individuelle passeront les commandes aux intuitions de l'esprit pour assurer l'avenir du plus grand nombre, pour contourner avec bonheur les pièges aveugles de la Sélection naturelle,

À nos yeux intéressés, tout indique que cette révolution des mentalités est déjà en marche, surtout au sein de la jeunesse. L'Afrique, dit-on, est le continent de demain ; le prochain Einstein sera peut-être un Africain. Nonobstant les courbes de QI en cloche.

Kuenda ku bantu, nkuangula meji
(Voyager de par le monde, c'est s'instruire)

Bibliographie

Armand-Bouquet A, Féticheurs et médecines traditionnelles au Congo (Brazzaville), ORSTOM Paris, 1969.

Barkᴇʀ DJ, The fetal and infant origin of adult disease (L'origine fœtale ou enfantine de la maladie de l'adulte), British Journal of Medicine, 301:111, 1990.

Colle RP, Les Baluba Tome 2, Albert Dewitt, Bruxelles, 1913.

Darwin CR, On the Origin of Species by Means of Natural Selection or the Preservation of Favoured Races in the Struggle for Life (De l'origine des espèces au moyen de la sélection naturelle ou la préservation des races favorisées dans le combat de la vie), John Murray, London, 1859.

De Gobineau AJ, Essai sur l'inégalité des races humaines, Firmin-Didot Frères, Paris, 1855.

De Smet M and De Vissher M, Contribution à l'étude de l'endémie goîtreuse des Uélés (République du Congo), Annales de la société belge de médecine tropicale, 40:601-622, 1960.

Diamond J, Guns, Germs and Steel: The Fates if Human Societies (Mitraillettes, microbes et acier: le destin des sociétés humaines), W.W. Norton & Company, 2017.

Diop CA, Civilisation ou barbarie, Présence africaine, Paris, 1981.

Edelstein SJ, The African Repeater Child (L'enfant africain récidiviste), In The Sickle Cell : From Myths to Molecules (La cellule en faucille: des mythes à la réalité),

Harvard University Press, Cambridge, MA, p. 65-88, 1986.

Edwards AWF, Human genetic diversity : Lewinton's fallacy (La diversité génétique de l'homme: l'erreur de Lewontin), Bioessays, 25:791-801, 2003.

Fairbanks DJ, Everyone is African (Tout le monde est africain), Promotheus Books, 2015.

Fourche TA and Morlinghem HD, Une bible noire : cosmogonie bantu, 2nd édition, Les Deux Océans, Paris, 2012.

Galton F, Hereditary Genius : An inquiry into its law and consequences (Le génie héréditaire ; une enquête sur sa loi et ses conséquences), MacMillan and Co, London, 1869.

Gilbert W, The RNA World (Le monde de l'ARN), Nature, 319:618, 1986.

Ginn SL, Alexander IE, Edelstein ML, Abedi MR, and Wixon J, Gene therapy clinical trials worldwide to 2012 - an update (Essais cliniques de thérapie génique à travers le monde jusqu'en 2002 - une mise à jour), The Journal of Gene Medicine, 15:65-77, 2013.

Goblet-Vanormeligen V, La maison du Mbombo : Rite thérapeutique pour les enfants à haut risque dans le Zaïre rural, Société des sciences médicales, 31:241-252, 1993.

Godbey AH, Ceremonial Spitting (Le crachement cérémonial), The Monist, 24:61-91, 1914.

Kabasele F, Nkongolo S, and Anganga M, Naissances insolites en terre africaine, Karthala, Paris, 2011.

Lembe-Masiala N, Le kaandu chez les Basolongo du Bas-Congo, Thèse de Doctorat, Département des Langues & Cultures Africaines, Université de Gent, 504 pages, Gent (Belgique), 2007.

Lewontin RC, The apportionment of human diversity (La répartition de la diversité humaine), Evolutionary Biology, 6:291-398, 1972.

Mbikay M, Demain le Congo: La République démocratique du Congo est-elle un artéfact, Lulu Press, Raleigh, NC, 2012.

Mbikay M, Repères, Lulu Press, Raleigh, NC, 2013.

Mendel G, Experiments in Plant Hybridization (Expériences d'hybridisation des plantes), Verhandlungen des naturfor schenden Vereines in Brünn, 4:3–47, 1866.

Morand JJ, Le microbiote intestinal : un organe à part entière, Med Sante Trop, 27:10, 2017.

Perkins JM, Subramanian SV, Smith GD, and Özaltin E, Adult height, nutrition, and population health (Taille d'adulte, nutrition et santé de population), Nutrition Reviews, 74:149–165, 2016.

Pinker S, The Blank Slate : the Modern Denial of Human Nature (L'ardoise vierge : le déni moderne de la nature humaine), 2nd édition, Penguin Books, 2016.

Rushton JP, Race, Evolution and Behaviour: A Life Perspective. (Race, évolution et comportement : une perspective de la vie), 2nd édition, Transaction Publishers, New Brunswick, NJ, 1997.

Shurkin J, Broken Genius, The Rise and Fall of William Shockley, Creator of the Electronic Age (La montée et la chute de William Shockley, le créateur de l'âge électronique), Pilgrave Macmillan, 2006.

Sturm RA and Duffy DL, Human pigmentation genes under environmental selection (La pigmentation humaine sous selection par l'environnement), Genome Biology, 13:248, 2012.

Torday E, The Principle of Bantu Mariage (Le principe du mariage bantou), Africa Journal of the International African Institute, 2:255-290, 1929.

Tramo MJ, Loftus WC, Stukel TA, Green RL, Weaver JB, and Gazzaniga MR, Brain size, head size, and intelligent quotient in mozygotic twins. (Dimension du cerveau, dimension de la tête et quotient d'intelligence chez les jumeaux monozygotiques), Neurology, 50:1246-1252, 2008.

Watson JD and Crick FH, Molecular structure of nucleic acids; a structure for deoxyribose nucleic acid (Structure moléculaire des acides nucléiques; une structure de l'acide nucléique à déoxyribose), Nature, 171:737-738, 1953.

Weeks JH, Among the Primitive Bakongo (Parmi les primitifs Bakongo), Seeley, Service & Co, London, 1914.

Index

W

Z

www.ingramcontent.com/pod-product-compliance
Lightning Source LLC
Chambersburg PA
CBHW071302220526
45468CB00001B/241